もくじ

まえがき

平均は生活の中でよく使われます。算数テストの平均点とか、６年生50人の平均体重とか、京都の４月の平均気温などです。理科や社会科の本にも表や図で使われています。

平均は、いくつかの数量のでこぼこをならして平らにすることですから、水そうをイメージし、水そう図をかくとよく理解できます。

単位量あたりも生活の中でよく使われています。旅客機の時速とか、自動車の１日の生産台数とか、日本の人口密度などです。なぜ単位量あたりかというと、時速なら１時間あたり、人口密度なら１km²あたりのように、１あたりの大きさを表す数量だからです。

単位量あたりも、図を使うと問題文の中の数量の関係が目に見えてよく理解できます。下のようなものです。

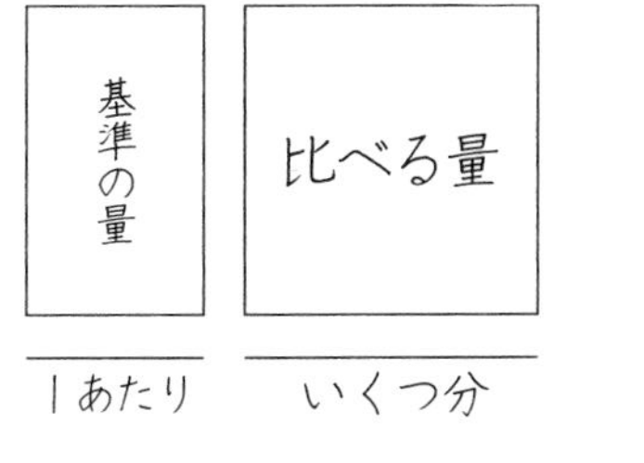

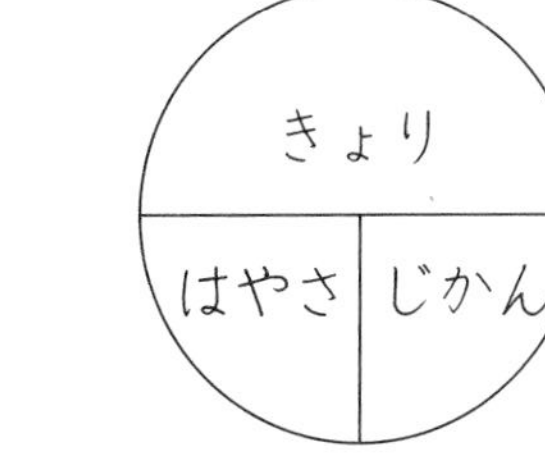

問題を読んだら図をかく、図を見て問題を解くようにしましょう。

単位量あたりは、１あたりの量が、時速50kmなら50km／時、人口密度なら250人／km²のような表し方があります。この表し方にもなれるようにしましょう。

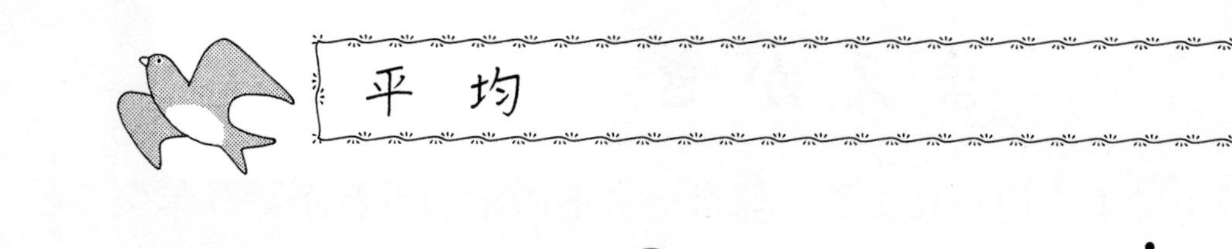

平　均

平均とは ㊥…でこぼこをならして平らにする。
　　　　㊥…どこも同じ状態にする。（均一にする。）
ことです。

いろいろな大きさの数量を、<u>等しい大きさになるように</u>
<u>ならしたもの</u>を**平均**といいます。

次の図でイメージしてください。

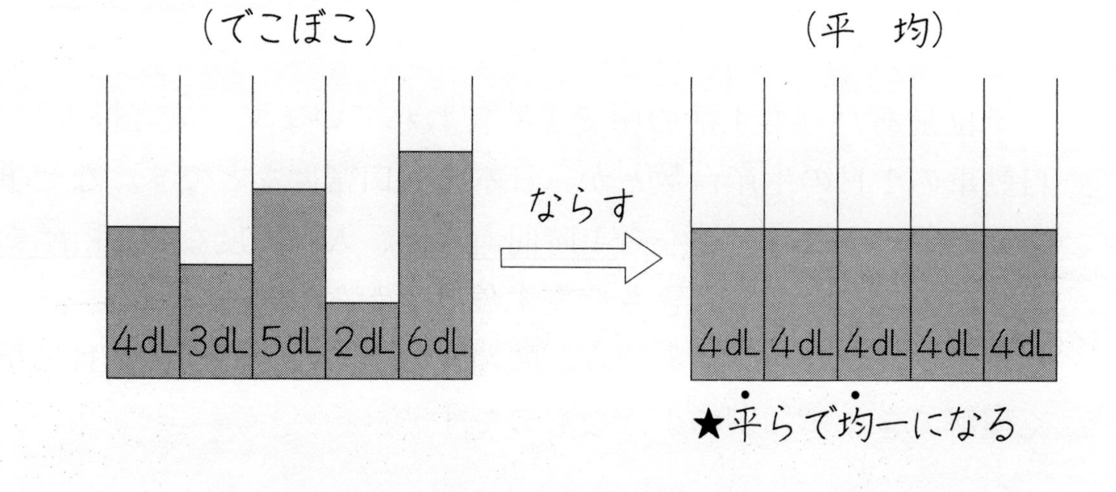

★平らで均一になる

<u>ならす</u>の図は下のようになります。水そうの中のしきりを取った図になります。

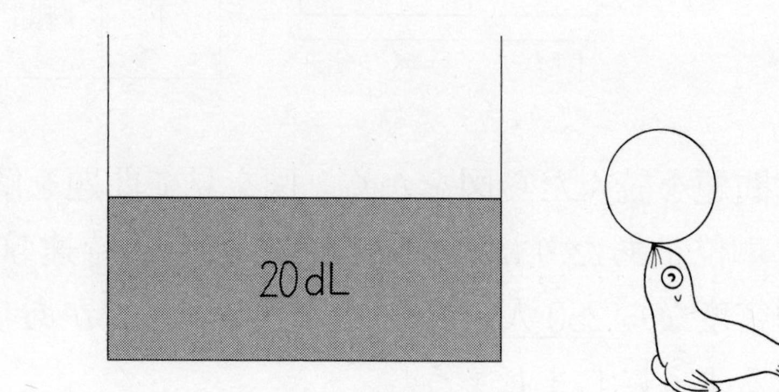

イメージの水そう図を見て、平均を求める手順を考えましょう。

平均を求める手順

① それぞれの数量を合計します。全体の量
$4+3+5+2+6=20$（dL）

② 全体の量を５つ（個数）に同じように分ける。
$20\div5=4$（dL）

水そう図は、とてもよくわかります。
計算テストの平均を求めるのも水そう図でできますね。

１回目75点、２回目70点、３回目95点　なら

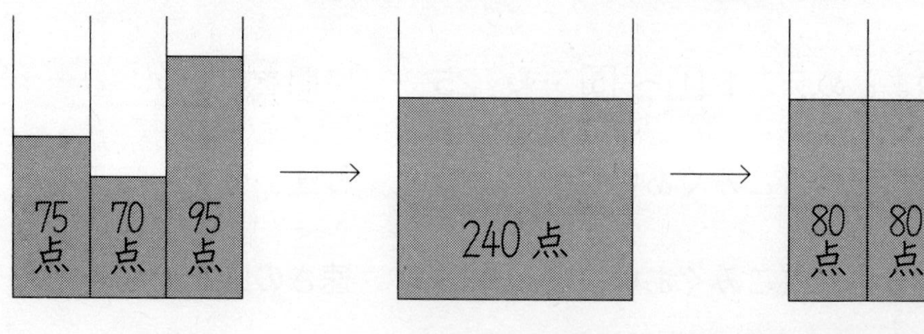

$75+70+95=240$（点）を、３つに分けると、
$240\div3=80$（点）が平均点になります。

１回目80点、２回目60点、３回目70点なら
$80+60+70=210$（点）で、
$210\div3=70$（点）が平均点になるのですね。

1

平均を求める ①

名前 ＿＿＿＿＿＿＿＿

1．水そう図を見て、㋐全体の量を求め、㋑平均を求めましょう。

①

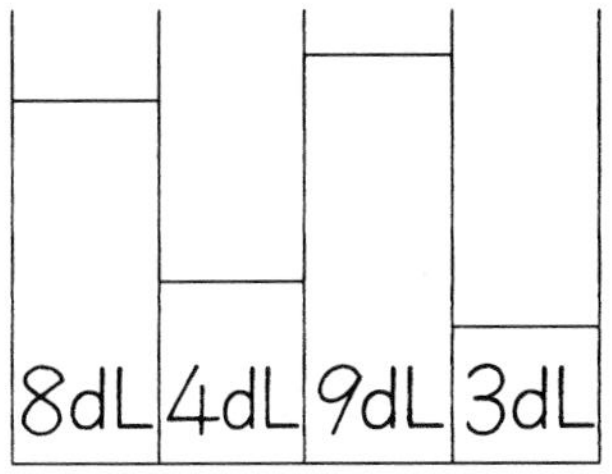

8dL	4dL	9dL	3dL

㋐＿＿＿＿ ㋑＿＿＿＿

②

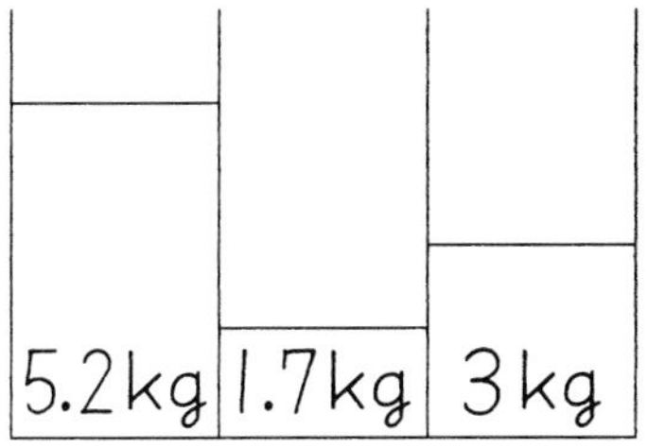

5.2kg	1.7kg	3kg

㋐＿＿＿＿ ㋑＿＿＿＿

③

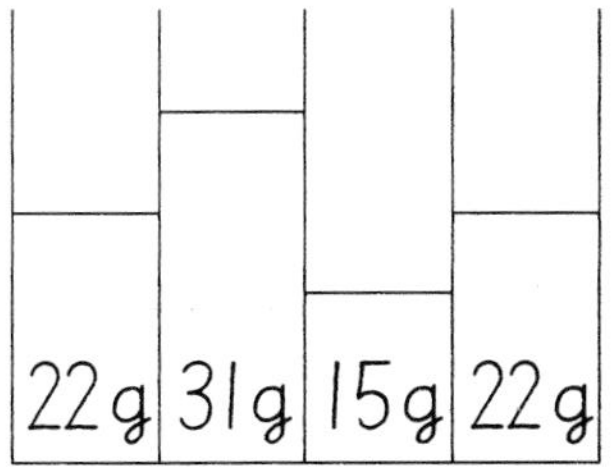

22g	31g	15g	22g

㋐＿＿＿＿ ㋑＿＿＿＿

④

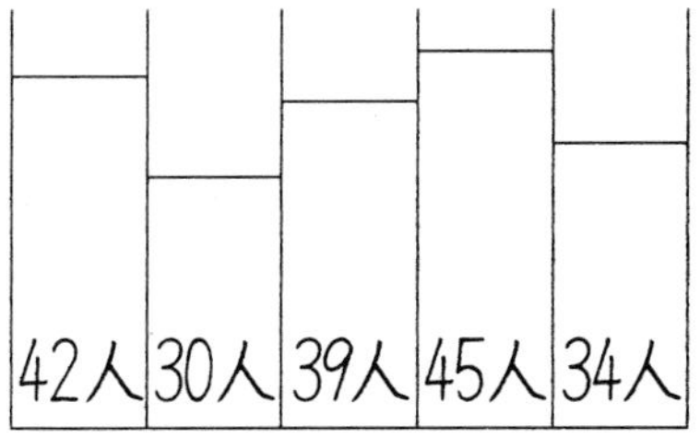

42人	30人	39人	45人	34人

㋐＿＿＿＿ ㋑＿＿＿＿

2．平均を求めましょう。

①

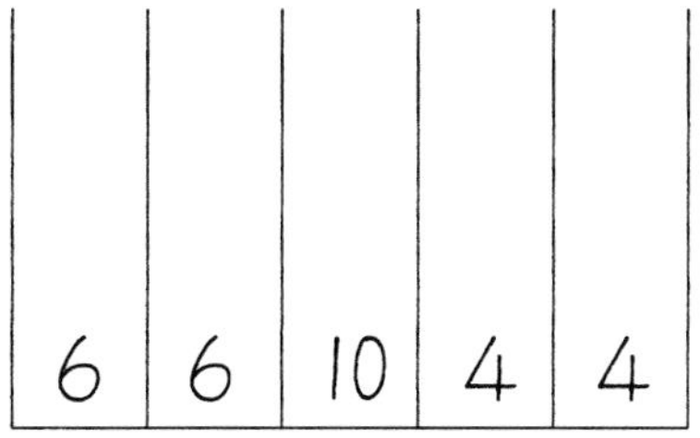

6	6	10	4	4

＿＿＿＿

②

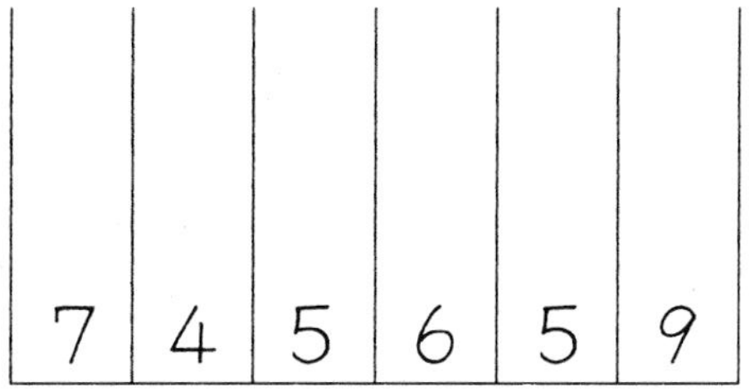

7	4	5	6	5	9

＿＿＿＿

③

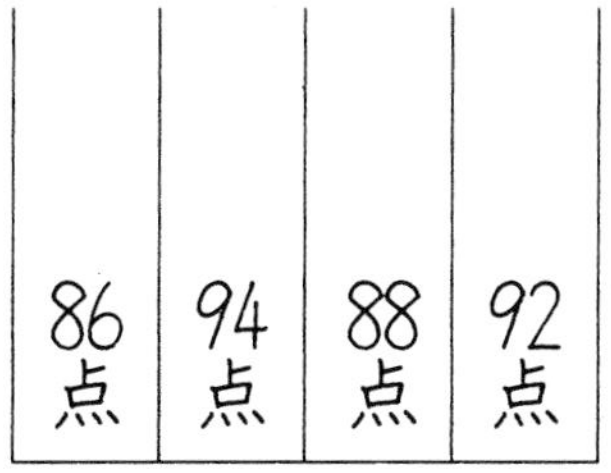

86点	94点	88点	92点

＿＿＿＿

④

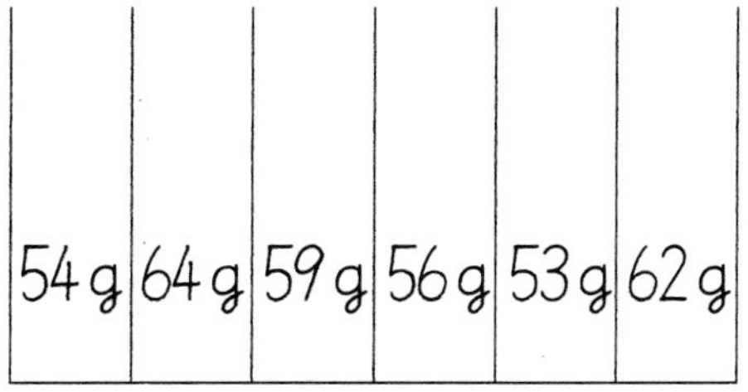

54g	64g	59g	56g	53g	62g

＿＿＿＿

2 平均を求める ②

名前

1．平均を求めましょう。

①

12 kg	8 kg	16.3 kg

②

20.4 m	12.8 m	16.6 m	18.2 m

③

1.2L	4.2L	3.8L	4.5L	0.8L

④

54g	58g	56g	60g	53g	61g

2．（　）の中の数量の平均を求めましょう。

①（83、88、97、96）

②（9.4、11、9.3）

③（82g、90g、85g、99g）

④（4km、3.7km、4.2km、4.5km）

3 平均を求める ③

名前

1．福田さんの計算テストの5回分の得点は表のとおりです。
　平均点は何点でしょうか。

	1回目	2回目	3回目	4回目	5回目
テスト(点)	97	100	93	100	100

2．村田さんは家から郵便ポストまでを4回歩いて表にしました。
　家からポストまでは平均何歩でしょうか。

	1回目	2回目	3回目	4回目
ポストまで(歩)	133	134	131	130

3．いちご農園では、いちごのとれ高を5日間記録しました。
　平均のとれ高は、1日平均何kgでしょうか。

	1	2	3	4	5
とれ高(kg)	14	14	18	17	12

4．4人で的当てをしました。
　平均得点は何点でしょうか。

参加者	池田	梅本	木村	小島
得点(点)	54	49	57	40

5．すもうとり5人の体重をはかりました。
　平均体重は何kgでしょうか。

すもうとり	谷山	大川	松風	朝日	宮島
体重(kg)	115	132	124	136	163

6．5人の体重の表です。
　平均体重は何kgでしょうか。

名前	きよし	やすし	ひろし	たけし	つよし
体重(kg)	27.3	24.8	27.4	25.3	26.2

平均を求める ④

名前

1．横山さんは１歩の歩はばを知ろうとして、５回はかりました。
　歩はばは平均何cmでしょうか。

回	1	2	3	4	5
10歩(m)	5.6	5.9	6.0	5.8	5.7
歩はば(cm)	56	59	60	58	57

2．兄も10歩の長さを５回はかりました。
　歩はばは平均何cmでしょうか。

回	1	2	3	4	5
10歩(m)	6.6	6.7	6.8	6.6	6.8

3．北原さんの走り高とびの記録は表のとおりです。
　高とびの平均は何cmでしょうか。

回	1	2	3	4	5
高さ(cm)	92	97	91	92	98

4．A、B、C、D、E５人の体重の平均を求めましょう。

	A	B	C	D	E
体重(kg)	30.4	35.4	34.2	36.5	31.0

5．サッカーボールを５回けって、とんだ長さをはかりました。
　平均何mとんだでしょうか。

	1回目	2回目	3回目	4回目	5回目
とんだ長さ(m)	21.4	19.8	23.5	20.2	22.6

6．体温を１日から５日まではかりました。平均の体温は何度でしょうか。

	1日	2日	3日	4日	5日
体温(度)	36.7	36.0	36.4	36.8	36.6

平均を求める ⑤

名前＿＿＿＿＿＿＿＿

1．たまごが6個あります。
たまご1個の重さの平均はいくらでしょうか。

57g　58g　60g　62g　61g　62g

＿＿＿＿＿

2．表は早川さんの漢字と計算のテストの点数です。

漢字	90	85	95	90
計算	100	80	100	96

漢字と計算、それぞれ平均点を求めましょう。

漢字＿＿＿＿＿

計算＿＿＿＿＿

3．2班の5人が輪投げをしました。得点の平均を求めましょう。

名 前	水田	宮本	村山	北川	西野
得点(点)	37	48	50	28	42

＿＿＿＿＿

4．松原さんは走りはばとびを4回とびました。結果は、2.6mが2回、2.9mと3.1mが1回ずつでした。平均すると何mでしょうか。

＿＿＿＿＿

5．谷さんはある本を、70ページずつ3日間、85ページずつ2日間読んで、読みおえました。1日平均何ページ読んだことになるでしょうか。

＿＿＿＿＿

6．岸本さんは算数テスト4回の平均が86点でした。
5回目に96点とると、平均点は何点になるでしょうか。

	1、	2、	3、	4	5
点	86	86	86	86	96

＿＿＿＿＿

6

平均を求める ⑥

名前

1．松野さんはマラソン大会に向けて５日間走りました。
　１日平均何 km 走ったことになるでしょうか。

	1日目	2日目	3日目	4日目	5日目
きょり(km)	3.3	2.8	3.4	3.8	4.2

2．お姉さんは、毎朝４日間続けて体温をはかりました。
　お姉さんの体温の平均は何度でしょうか。

	1日目	2日目	3日目	4日目
体温(度)	36.4	35.9	36.5	36.8

3．長島さんは家から学校までの歩数を３回調べました。
　家から学校までの平均の歩数を求めましょう。

	1回目	2回目	3回目
歩数	4022	3946	4017

4．みどりさんの社会テスト３回の平均は88点でした。

① ３回テストの合計は何点でしょうか。

② ４回目のテストでがんばって、平均をちょうど90点にしたいと思っています。何点とればよいでしょうか。
（４回の平均を90点にするには、４回の合計点が何点になるかを考えます。）

1、2、3回			4回目
88	88	88	
90	90	90	90

5．長野さんは計算テスト４回の平均が94点でした。５回目に何点とれば、平均95点になるでしょうか。

平均を求める ⑦

名前 ＿＿＿＿＿＿＿＿

1．私とお姉さんの体重の平均は34kgです。お父さんと私とお姉さんの平均は43.5kgです。お父さんの体重は何kgでしょうか。

＿＿＿＿

2．バレーボールの東山、西川、南本選手の身長の平均は189cmです。東山、西川選手の身長の平均は188.5cmです。南本選手の身長は何cmでしょうか。

＿＿＿＿

3．6年生は3学級で平均35人です。
5年生は4学級で平均28人です。
5年生と6年生を合わせた7学級の平均は何人でしょうか。

＿＿＿＿

4．西小学校の欠席者数は、月曜日から木曜日までの4日間は平均43人でした。金曜日は48人欠席しました。1日平均の欠席者数は何人でしょうか。

＿＿＿＿

5．子ども作品展にきた人は、4日間の平均が165名でした。5日目に何人くれば、合計1000人になるでしょうか。

＿＿＿＿

6．子ども会で走りはばとびをしました。
女子4人の平均は3.05mで、男子6人の平均は3.35mでした。
全体の平均は何mでしょうか。

＿＿＿＿

平均を求める ⑧

名前

1．北中学校の３年は５学級です。
　１組は何人でしょうか。

組	1	2	3	4	5	平均
人数(人)		32	31	33	35	33

2．大原さんが漢字テストの平均を96点にするには、５回目に何点とればいいでしょう。

回	1	2	3	4	5	平均
点数	92	98	100	90		96

3．うさぎの赤ちゃん４ひきの体重は平均197gでした。Bのうさぎの体重は何gでしょうか。

うさぎ	A	B	C	D	平均
体重(g)	198		196	204	197

4．森さんは１日平均72ページ読んで、１さつ読み終えました。４日目に何ページ読んだのでしょうか。

日	1	2	3	4	平均
ページ数	80	80	60		72

5．林さんの家の４月から９月までの水道使用量の平均は29m³です。
　６月の使用量は何m³でしょうか。

月	4	5	6	7	8	9	平均
使用量(m³)	28	26		32	31	27	29

6．谷さんはねん土の玉を５個つくりました。平均の重さは85gでした。重さのかかれていないねん土の玉は、何gでしょうか。

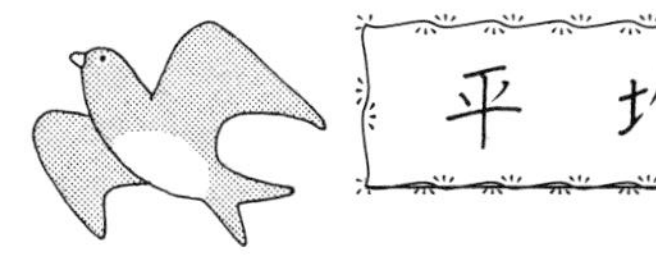

平　均（0をふくむ）

次の問題を考えてみましょう。
谷さん、岸さん、森さんの3人で魚つりに行きました。
結果は、谷さんが18ひき、岸さんが15ひき、森さんは0ひきでしたが、3人で同じように分けることにしました。
1人分は何びきでしょうか。

これも水そう図でかいてみます。

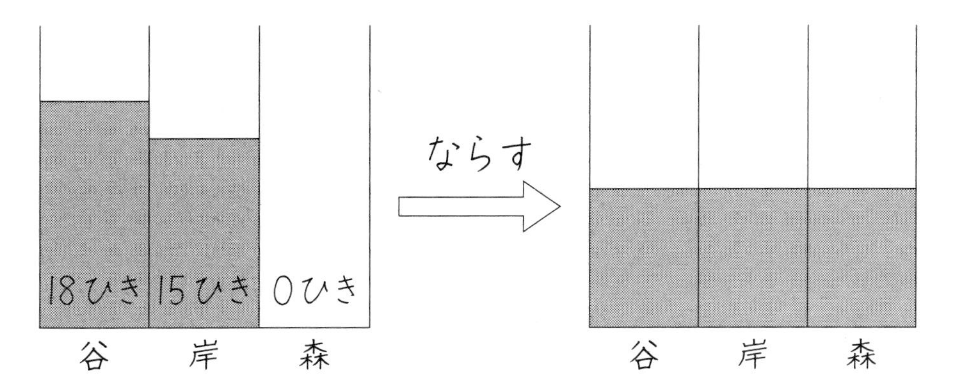

図を見ると、1ぴきもつれなかった森さんも、谷さんや岸さんからもらって同じになることがわかります。
計算するときも、0をかけば3人で分けることがよくわかります。

18＋15＋0＝33（ひき）
33÷3＝11（ひき）

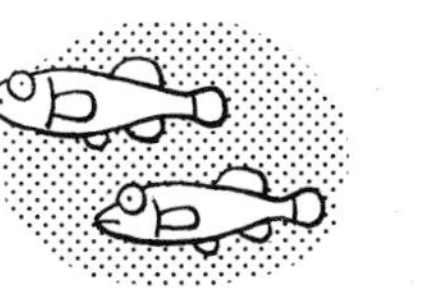

では、もう1題しましょう。
ごま油のびんが6本あります。180g入っているのが2本、120g入っているのが2本で、残りの2本はから（0g）です。
どのびんも同じになるように分けなおすと何gずつになるでしょうか。

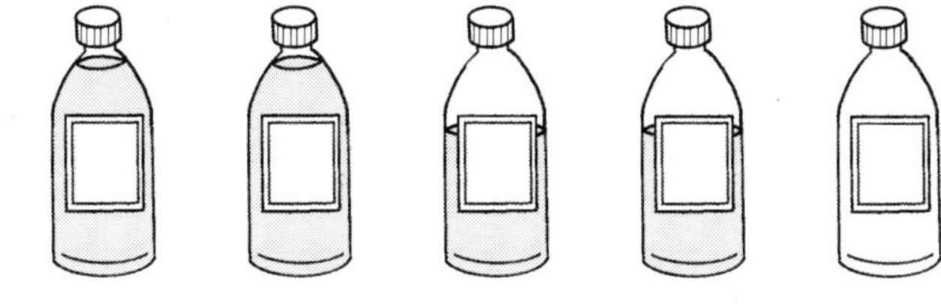
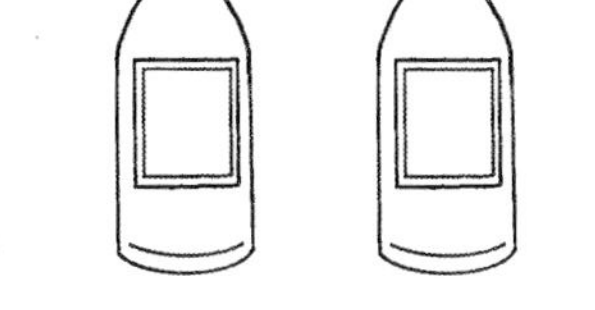

180g　180g　120g　120g　0g　0g

水そう図をかきます。

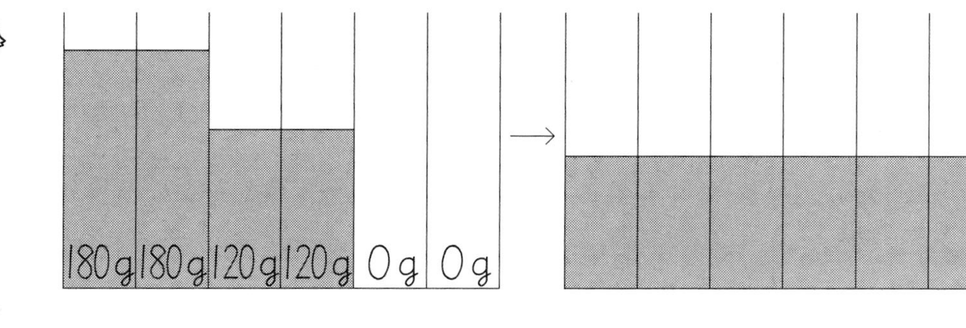

式をかいて計算します。
180＋180＋120＋120＋0＋0＝600（g）
600÷6＝100（g）

練習　平均しましょう。

9	0	4	7

9＋0＋4＋7＝20
20÷4＝5
5

0をふくむ平均 ①

名前

1．山野さんは月曜日から金曜日まで、朝早くかぶと虫取りをしました。その結果が右の表です。

　1日平均何びきつかまえたことになるのでしょうか。

	月	火	水	木	金
かぶと虫（ひき）	5	4	0	7	4

2．竹田さんの野球チームは、5回の試合で下の表のように得点しました。

　1試合に平均何点取ったことになるのでしょうか。

	1回	2回	3回	4回	5回
得点	4	0	3	6	7

3．お兄さんは月曜日から土曜日までジョギングをしています。表は6月の第2週の記録です。

　1日平均何km走ったことになるのでしょうか。

	月	火	水	木	金	土
ジョギング（km）	3.2	3.4	2.8	2.4	0	3.8

4．下の（　　）の数量の平均を求めましょう。

① （6m，0m，8m，2m）

② （0kg，15.1kg，4.4kg）

③ （9，0，9，0，9，0）

④ （0，3，0，4，3，8）

⑤ （3m, 3m, 3m, 7m, 7m, 7m）

⑥ （4L，2.8L，0L，0L）

10 ０をふくむ平均 ②

名前

１．家族４人で魚つりに出かけました。その結果は、父が12ひき、母が２ひき、私が０ひき、弟が６ぴきでした。

１人平均何びきつったことになるのでしょうか。

２．今週、保健室へけがをしてきた人数を表にしました。

月	火	水	木	金
7人	10人	3人	0人	10人

１日平均何人きたことになるのでしょうか。

３．高山さんは的当てゲームを６回しました。その得点は下のようになっています。平均何点でしょうか。

35点	15点	40点	0点	20点	10点

４．右の表は、市民プールに入った人数の１週間の記録です。

月	火	水	木	金	土	日
834人	0人	0人	625人	752人	981人	1057人

火曜日と水曜日は雨で１人も入っていません。

① １週間で合計何人入ったのでしょうか。

② １日平均何人入ったのでしょうか。

５．４人で遠足のおかしを買いに行きました。はじめの店では、山下さんが380円はらいました。次の店では、川口さんが660円はらいました。これで買い物は終わりです。

① 全部で何円買ったのでしょうか。

② １人分は平均何円になるのでしょうか。

11 いろいろな平均 ①

名前 ＿＿＿＿＿＿＿＿

1．Aグループと Bグループが、ソフトボール投げをしました。その記録が下の表です。

	Aグループ	Bグループ
1	27m	31m
2	32m	43m
3	23m	20m
4	34m	29m
5	35m	33m
6	30m	26m
7	36m	32m
8		30m
合計		
平均		

① 記録の合計をしましょう。

（筆算でしましょう。）

Aグループ

Bグループ

31
43
20
29
33
26
32
＋30

② 平均を求めましょう。

（筆算でしましょう。）

③ 平均値の大きいのはどちらのグループですか。

＿＿＿＿＿＿

2．バレーボールの春野チームと秋野チームの、それぞれ6人の身長をはかりました。それが下の表です。

	春野チーム 身長（cm）	秋野チーム 身長（cm）
1	192	183
2	185	185
3	188	189
4	175	188
5	186	182
6	184	180
合計		
平均		

① 身長の合計をしましょう。

（筆算でしましょう。）

春野チーム

192
185
188
175
186
＋184

秋野チーム

サッカーや野球などをテレビ観戦していると、試合の平均得点、平均ヒット数などが画面で報じられます。

それを見てそのチームの特長などを知ることができます。

② 平均を求めましょう。

（筆算でしましょう。）

③ 平均身長の高いのはどちらのチームでしょう。

＿＿＿＿＿＿

12 いろいろな平均 ②

名前

1．水野さんの家の月平均の水道使用量を求めましょう。

水野さんの家の水道使用量

1月	2月	3月	4月	5月	6月
$28m^3$	$29m^3$	$33m^3$	$35m^3$	$38m^3$	$41m^3$

2．水野さんの家は1年間で何m^3の水道水を使うと、予想できるでしょうか。

3．りんごがりに行きました。取ったりんごの中から5個の重さをはかりました。

180g　170g　190g　180g　200g

① 平均の重さを求めましょう。上から2けたの概数で答えましょう。

② 全部でりんごは50個でした。全体の重さはおよそ何kgでしょうか。

4．あおば遊園地の1週間の入園者数を調べました。

月	火	水	木	金	土	日
1347人	1590人	2654人	1035人	3333人	4865人	6046人

① 1日平均何人入園したことになるでしょうか。（上から2けたの概数）

② この平均人数から1か月（30日）の入園予想人数を求めましょう。

（①も②も筆算でしましょう。）

1347 ⟶ 1300
1590 ⟶ 1600
2654 ⟶ 2700
1035 ⟶ 1000
3333 ⟶ 3300
4865 ⟶ 4900
+6046 ⟶ +6000

概数で計算します ⟶

①　　②

5．おおとり養けい場では、1日目に142個、2日目に136個、3日目に140個、4日目に153個、5日目に148個の産卵がありました。1日平均の数を求めてから、1か月（30日）の産卵数を予想しましょう。

（上から2けたの概数にしてから計算し、答えも上から2けたの概数にしましょう。）

平均　　予想

13 いろいろな平均 ③

名前

◎　日本の５か所の都市の月別平均気温が下の表です。（1961年から1990年までの平均値）理科年表より

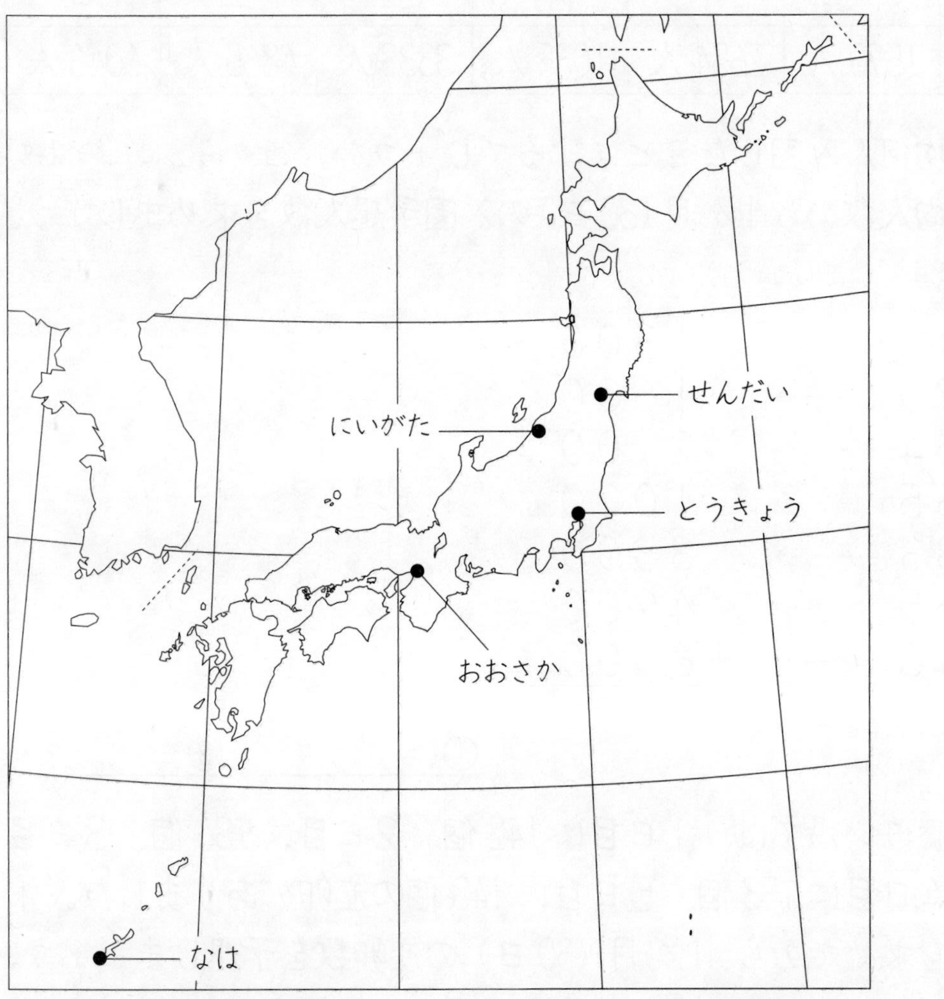

月別平均気温

	1月	2月	3月	4月	5月	6月	7月	8月	9月	10月	11月	12月	年平均気温
せんだい	1.0	1.3	4.2	10.0	14.9	18.3	22.0	24.1	20.1	14.4	8.9	4.0	
にいがた	2.1	2.2	5.0	10.9	16.1	20.2	24.3	26.2	21.6	15.5	9.9	4.9	
とうきょう	5.2	5.6	8.5	14.1	18.6	21.7	25.2	27.1	23.2	17.6	12.6	7.9	
おおさか	5.5	5.8	8.6	14.6	19.2	23.0	27.0	28.2	24.2	18.3	12.9	7.9	
な　は	16.0	16.3	18.1	21.1	23.8	26.2	28.3	28.1	27.2	24.5	21.4	18.0	

年平均気温を、小数第２位を四捨五入して求め、表に記入しましょう。下で計算しましょう。

せんだい　　にいがた　　とうきょう　　おおさか　　なは

のべと平均

表を見てください。何の表かわかりますか。

6年1組　　（6月4日）

虫歯（本）	0	1	2	3	4	5
人数（人）	6	8	12	6	3	1
(本)×(人)						

6年2組　　（6月4日）

虫歯（本）	0	1	2	3	4	5
人数（人）	5	11	9	10	2	1
(本)×(人)						

虫歯の本数とその人数の表です。
6年1組と6年2組を調べて表にしてあります。

6年1組は、虫歯0本が6人、1本が8人、2本が12人というように虫歯の本数とその人数がわかります。
(本)×(人)は、虫歯の本数を計算して記入するところだと思います。
0×6は0、1×8は8というようにします。

そのとおりです。
下の図は6年1組の表を水そうの図にしたものです。
縦の目もりは虫歯の本数を、横の目もりは人数を表します。
小さいは虫歯1本ということです。

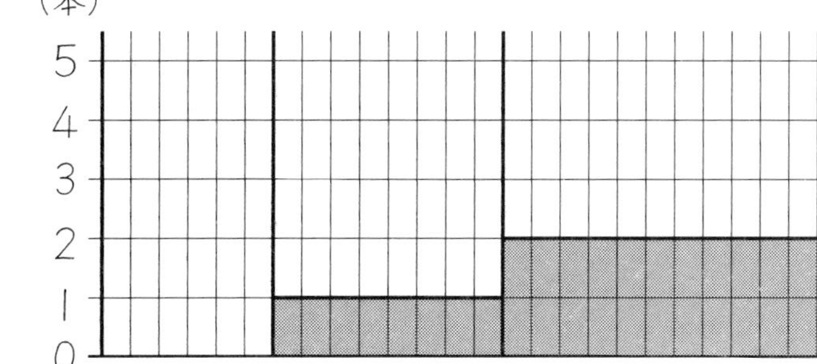

6年1組の表の（本)×(人）をかきいれましょう。

$0 \times 6 = 0$　$1 \times 8 = 8$　$2 \times 12 = 24$　$3 \times 6 = 18$
$4 \times 3 = 12$　$5 \times 1 = 5$です。

合計は$0+8+24+18+12+5=67$（本）です。
人数は$6+8+12+6+3+1=36$（人）です。

虫歯の総合計の67本をのべ本数といいます。
のべ本数÷人数＝平均（6年1組の）です。
上の水そう図のしきりをとるとよくわかりますよ。

$67 \div 36 = 1.861\cdots$　　約1.9本

のべ本数　　67本

14

のべと平均 ①

名前

1．6年2組の虫歯の平均を求めましょう。

6年2組

虫 歯（本）	0	1	2	3	4	5	合計
人 数（人）	5	11	9	10	2	1	人
(本)×(人)							本

① 6年2組の人数を求めましょう。（表にかきいれましょう。）

② (本)×(人) を求めましょう。（表にかきいれましょう。）

③ 虫歯ののべ本数を求めましょう。（表にかきいれましょう。）

④ のべ本数÷人数を計算して、6年2組の虫歯数の1人あたりの平均を求めましょう。（小数第2位を四捨五入）

2．下はAグループの計算テスト（10点満点）の表です。

得 点（点）	10	9	8	7	合計
人 数（人）	2	3	2	1	人
(点)×(人)					点

① グループの人数を求めてかきいれましょう。

② (点)×(人) を求めてかきいれましょう。

③ のべ得点数をかきいれましょう。

④ 平均得点を求めましょう。（小数第2位を四捨五入）

3．松山さんは走りはばとびをして表にまとめました。

2.7m	2.9m	3.1m	2.8m
3回	2回	1回	1回

松山さんの走りはばとびの平均を求めましょう。（小数第2位を四捨五入）

15

のべと平均 ②

名前

1．中島さんは歴史小説を、85ページずつ３日間、70ページずつ２日間読んで読み終えました。平均何ページ読んだことになるのでしょうか。

2．中野さんの漢字テストの成績は、95点が３回、90点が４回、100点が１回でした。漢字テストの平均は何点になるでしょうか。

（小数第２位を四捨五入）

3．中島さんは50m走で、8.5秒が３回、8.2秒が２回、8.0秒と8.6秒が１回ずつでした。平均タイムは何秒でしょうか。

（小数第２位を四捨五入）

4．２組の算数テストの結果は、男子16人の平均点が65点で女子14人の平均点が70点でした。２組の平均点は何点でしょうか。

（小数第２位を四捨五入）

5．５年生は４学級で平均32人、６年生は３学級で平均38人です。５年生と６年生を合わせた高学年の学級平均は何人でしょうか。

（小数第２位を四捨五入）

6．６年生35人のソフトボール投げの平均は20.1mで、５年生20人の平均は18.5mです。５年生と６年生全体の平均は何mでしょうか。

（小数第２位を四捨五入）

平均の文章題 ①

名前

1．丸山さんは計算テスト6回の平均が92点です。
7回目に何点とれば、平均が93点になるでしょうか。

2．山口小学校の欠席人数は、月曜日から木曜日までの平均が47人で、金曜日は42人でした。この週の1日平均の欠席人数は何人でしょうか。

3．コンサートの来場者数は、190人が2日間、180人が2日間、195人と175人が各1日ずつでした。あと2日間で何人くれば1500人になるでしょうか。

4．平田さんは1週間のうち、3日間は50分ずつ、あとの4日間は45分ずつ読書します。1日平均何分間ずつ読書をしたことになるでしょう。
（小数第1位を四捨五入）

5．田口さんは4回の算数テストの平均が75点でした。76点が2回と71点が1回とすると、もう1回は何点だったのでしょうか。

6．水原さんは5回の算数テストの平均が85点でした。そのうち1回は77点でした。これを除いた4回分の平均は何点でしょうか。

平均の文章題 ②

名前

1．高橋さんは4回のテストの平均が83点です。平均点を85点にするには、5回目に何点とればいいでしょうか。

2．6年生4人の身長の平均は147.3cmになります。もう1人入れると、身長の平均は146.2cmになります。この人の身長は何cmでしょうか。

3．1回10点満点で輪投げをします。松川さんの4回の平均は7.5点でした。5回目は5点でした。平均は何点になったでしょうか。

4．男子14人、女子16人の学級で理科のテストをしたら、男子の平均点は68.5点、女子の平均点は72.9点でした。学級全体の平均点は何点でしょうか。　（小数第2位を四捨五入）

5．男女32人の平均体重は29kgです。男子16人の平均体重は29.5kgです。女子の平均体重は何kgでしょうか。

6．橋本さんは7回のテストの平均点が84点です。あと2回のテストで平均点を85点以上にするのには何点とればいいでしょうか。

平均の文章題 ③

名前

1．25人のクラスで算数のテストをしました。女子10人の平均点は78点です。男子15人の平均点は75点です。クラスの平均点は何点でしょうか。

2．上原さんは国語のテストを4回受けました。1回目と2回目の平均点は84点、1回目から4回目までの平均点は85点です。3回目と4回目の平均点は何点でしょうか。

3．竹本さんは理科のテストを4回受けました。1回目と2回目の平均点は83点、1回目から4回目までの平均点は84.5点です。3回目と4回目で合わせて何点とったのでしょうか。

4．梅田さんは社会のテストで80点以上を目ざしてがんばりました。5回の結果は、80点より2点上が3回、4点上が2回でした。テストの平均点は何点でしょうか。

5．本田さんは漢字テストの結果を70点を基準にして、70点をこす点数を表にしました。

テストの平均は何点でしょうか。

1回目	2回目	3回目	4回目	5回目
5	0	8	11	6

6．中川さんは計算テストの結果を83点を基準にして、83点をこす点数を表にしました。平均点は何点でしょうか。

1回目	2回目	3回目	4回目	5回目
7	2	14	0	10

平均の文章題 ④

名前

1．春野さんと夏川さんの体重の平均は 32.5kg です。秋山さんの体重は2人の平均より 1.5kg 重いそうです。3人の体重の平均は何 kg でしょうか。

2．春野さんと夏川さんの身長の平均は 136.5cm です。秋山さんの身長は2人の平均より 2.1cm 高いそうです。3人の身長の平均は何 cm でしょうか。

3．冬木さんの3回の漢字テストの平均は 86 点です。4回目の点は前3回の平均より 12 点下まわりました。4回の平均は何点になるでしょうか。

4．男子8人と女子 12 人が国語のテストをしました。男子の平均は 74 点です。女子の平均は男子より2点上です。全体の平均は何点でしょうか。

5．男子 12 人と女子8人が理科のテストをしました。男子の平均は 75 点です。女子の平均は男子より2点下です。全体の平均は何点でしょうか。

6．男子6人と女子 14 人が算数のテストをしました。男子の平均は 78 点です。全体の平均は 76.6 点です。女子の平均は何点でしょうか。

平均の文章題 ⑤

名前

1. 国語と算数と理科のテストをしました。
国語と算数と理科のテストの平均は82点です。
国語と算数のテストの平均は80点です。
算数と理科のテストの平均は85点です。

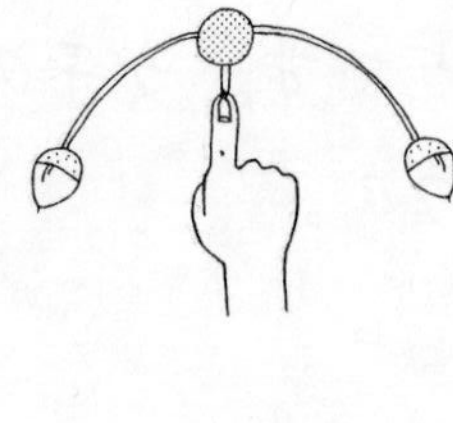
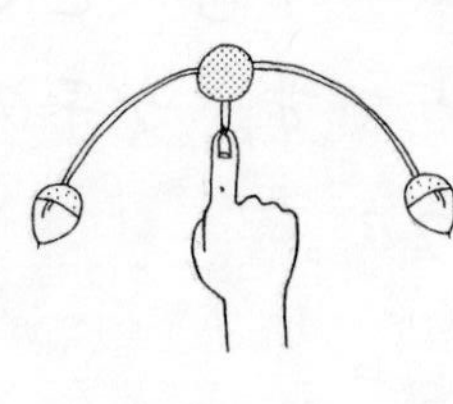

① 国語と算数と理科の合計点数は何点でしょうか。

①

② 国語と算数の合計点数は何点でしょうか。

②

③ 算数と理科の合計点数は何点でしょうか。

③

④ 理科は何点でしょうか。　　（ヒント）　国＋算＋理
－国＋算
理

④

⑤ 国語は何点しょうか。

⑤

⑥ 算数は何点でしょうか。

⑥

2. 算数と理科と社会のテストをしました。
算数と理科と社会のテストの平均は86点です。
算数と理科のテストの平均は87点です。
理科と社会のテストの平均は81点です。

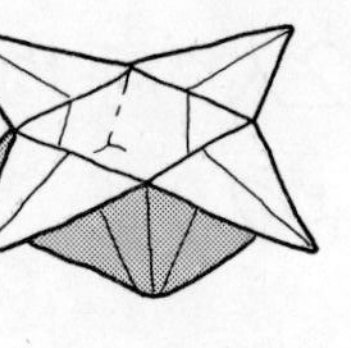

① 算数と理科と社会の合計点数は何点でしょうか。

①

② 算数と理科の合計点数は何点でしょうか。

②

③ 理科と社会の合計点数は何点でしょうか。

③

④ 社会は何点でしょうか。

④

⑤ 算数は何点でしょうか。

⑤

⑥ 理科は何点でしょうか。

⑥

平均のまとめテスト ①

名前

1．次の水そう図の数量の平均を求めましょう。（5 × 10）

① 8mL　5mL　5mL

② 4L　8L　6L

③ 12g　10g　5g

④ 12g　4g　12g　12g

⑤ 12m　4m　14m　10m

⑥ 6　6　0　4　4

⑦ 7　4　5　0　5　9

⑧ 19　15　18　21　17

⑨ 86点　94点　88点　96点

⑩ 54g　64g　59g　56g　53g　62g

2．松本さんは月火水木と読書をしました。
　1日平均何ページになるのでしょうか。

（文章題は1問　10点）

	月	火	水	木
ページ	77	42	69	64

3．観光バスが3台きました。
　1台平均の乗客は何人でしょうか。

1号車	2号車	3号車
43人	45人	41人

4．山本さんは5日間プールへ行きました。
　1日平均何分いたのでしょうか。

日目	1	2	3	4	5
分	30	45	25	50	35

5．電車3両の乗客数を調べました。
　1両平均何人の乗客でしょうか。

1両目	2両目	3両目
182	157	198

6．橋本さんは4日間走りました。
　1日平均何km走ったのでしょうか。

月	火	水	木
2km	3km	2.5km	3.5km

平均のまとめテスト 2

名前

1．次の（　）の中の数量の平均を求めましょう。（5 × 10）

① （12，8，7）

② （1.2，0.8，1.6）

③ （29，30，0，39）

④ （5，5，5，7）

⑤ （3.8m，2.4m，1.2m，3m）

⑥ （4L，0L，0L，6L）

⑦ （4.5分，2分，5.3分，6分，6.2分）

⑧ （78人，97人，86人）

⑨ （12，12，12，8，8）

⑩ （7.4m^2，8m^2，8.1m^2，7.3m^2）

2．川口さんの家の4か月分のガス代の平均は何円でしょうか。（文章題は1問　10点）

5月	6月	7月	8月
6500円	6250円	6700円	6350円

3．卵5個の重さをはかりました。1個平均何gでしょうか。

50.0g	49.1g	48.6g	47.6g	48.2g

4．森口さんは文庫本を、70ページずつ3日間、85ページずつ2日間読みました。1日平均何ページになるでしょうか。

5．私と兄の体重の平均は34kgです。父をいれた3人の体重の平均は43.5kgです。父の体重は何kgでしょうか。

6．算数テスト2回の平均点は85点でした。3回目に何点とれば、平均点が90点になるでしょうか。

平均のまとめテスト ③

名前＿＿＿＿＿＿＿＿

1．今村さんは走りはばとびで、2.6mが2回、2.9mと3.1mが1回ずつでした。平均は何mでしょうか。（1問　10点）

＿＿＿＿＿

2．田村さんは計算テスト4回の平均が94点でした。
5回目に何点とれば、平均95点になるでしょうか。

＿＿＿＿＿

3．林さんと島さんと原さんの身長の平均は189cmです。林さんと島さんの平均は188.5cmです。原さんの身長は何cmでしょうか。

＿＿＿＿＿

4．作品展にきた人は、4日間の平均で195人でした。5日目に何人くれば、合計1000人になるでしょうか。

＿＿＿＿＿

5．女子4人の走りはばとびの平均は、3.05mです。男子6人の平均は3.35mです。10人の平均は何mでしょうか。

＿＿＿＿＿

6．植村さんは4日間で本を1冊読みました。1日平均何ページでしょうか。

ページ	68	61	59	72

＿＿＿＿＿

7．5人の体重をはかりました。
平均何kgでしょうか。

kg	30.4	35.4	34.2	36.5	31.0

＿＿＿＿＿

8．漢字テスト5回の平均は96点です。
5回目は何点でしょうか。

回	1	2	3	4	5
点	92	98	100	90	?

＿＿＿＿＿

9．私は10歩ずつ5回はかりました。
歩はばの平均は何cmでしょうか。

m	5.6	5.9	6.0	5.8	5.7

＿＿＿＿＿

10．兄は10歩ずつ5回はかりました。
歩はばの平均は何cmでしょうか。

m	6.6	6.7	6.8	6.6	6.8

＿＿＿＿＿

平均のまとめテスト ④

名前

1. どんぐり6個の重さをはかりました。平均何gでしょうか。（1問　10点）

g	4.6	4.9	5.3	5.6	5.0	5.2

2. 社会のテストが5回ありました。平均は何点でしょうか。

点	100	92	83	97	88

3. 走り高とびを5回しました。平均何cmでしょうか。

cm	92	97	91	92	98

4. 3年生5人の体重をはかりました。平均何kgでしょうか。

kg	27.5	24.5	27.0	25.5	26.5

5. 5回のテストの平均は93点でした。3回目は何点でしょうか。

回	1	2	3	4	5
点	92	96	?	91	87

6. 谷さんの計算テスト4回の平均は95点です。5回目が100点なら平均は何点になるでしょうか。

7. 岸さんの漢字テスト4回の平均は88点です。平均点を90点にするには、5回目に何点とればいいでしょうか。

8. 私と姉と母の体重の平均は45.2kgです。私と姉の体重の平均は41.8kgです。母の体重は何kgでしょうか。

9. 右の表はある週の6年生の欠席者数です。1日平均何人でしょうか。

	月	火	水	木	金
人	6	0	3	4	4

10. 森さんは計算テストで10点が3回、9点が5回、8点が2回でした。平均何点でしょうか。（10点満点のテストです。）

平均のまとめテスト 5

名前

1．右の表は、100mを3回歩いた歩数です。
平均何歩で歩いたのでしょうか。（1問　10点）

回	1	2	3
歩	183	188	181

2．ウズラの卵5個の重さをはかりました。
平均何gでしょうか。

g	11	9	13	10	12

3．観光バス3台の乗客数を調べました。
1台平均何人でしょうか。

人	37	42	35

4．4人が魚つりをしてつった魚の数です。
平均何びきつったことになるのでしょうか。

ひき	29	36	45	30

5．5両連結列車の乗客数を調べました。
1両平均何人でしょうか。

人	143	127	169	164	152

6．5日間ジョギングをしました。
1日平均何kmジョギングしたでしょうか。

km	4.0	3.5	3.0	3.5	4.0

7．社会の5回のテストの平均は90点です。
4回目は何点だったのでしょうか。

点	93	91	87	?	95

8．理科のテストの5回の平均を95点にするには、あと何点とればいいでしょうか。

点	90	98	92	100	?

9．谷川小学校は各学年1学級です。30人が2学年、32人が2学年、28人と34人が1学年ずつです。1学年平均何人でしょうか。

10．りんご4個の平均の重さは304gです。もう1個294gのりんごをくわえると、平均は何gになるでしょうか。

単位量あたり（こみぐあい）

こみぐあいを比べましょう。表を見てください。

	面積（m²）	人数（人）
東広場	60	40
西広場	60	30
南広場	50	40

広場の面積と遊んでいる子どもの人数です。

どの広場がこんでいるか考えましょう。

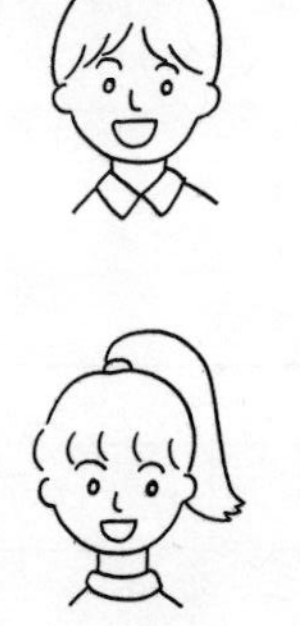

東広場と西広場では、同じ面積なので人数の多い東広場の方がこんでいます。

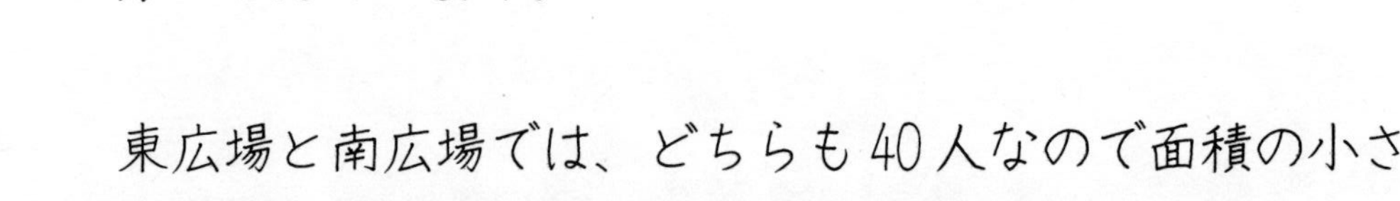

東広場と南広場では、どちらも40人なので面積の小さい南広場の方がこんでいます。

西広場と南広場はどうでしょう。面積と人数を見比べて、南広場の方がこんでいるとわかりますが、こみぐあいを数字で表せないでしょうか。

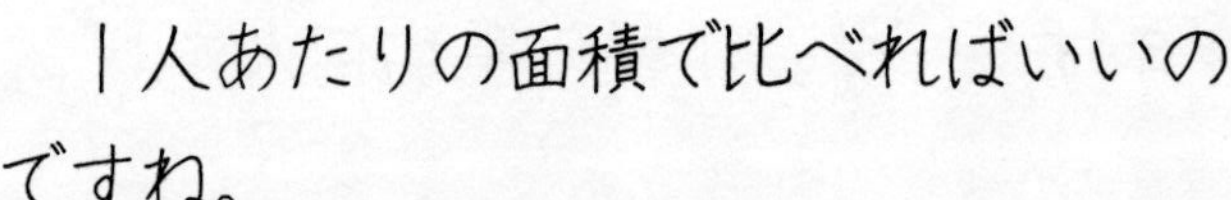

1人あたりの面積で比べればいいのですね。

西広場は、$60m^2 \div 30$人なので1人あたり$2m^2$です。

南広場は、$50m^2 \div 40$人なので1人あたり$1.25m^2$です。1人あたりの面積がせまい南広場の方がこんでいることがわかります。

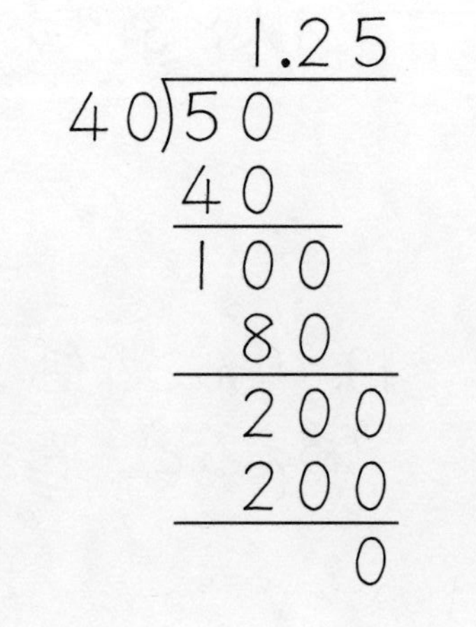

$1m^2$あたりの人数を比べることもできるよ。西広場は30人$\div 60m^2$を計算すると、$1m^2$あたり0.5人になります。南広場は40人$\div 50m^2$を計算して$1m^2$あたり0.8人なので、南広場の方がよくこんでいます。

そのとおりです。

これは「単位量あたり」の問題といいます。単位量あたりの問題では、単位をつけて計算します。たとえば

西広場　$60m^2 \div 30$人$= 2m^2$／人

南広場　$50m^2 \div 40$人$= 1.25m^2$／人

（☆　$2m^2$／人は$2m^2$パー人と読みます。）

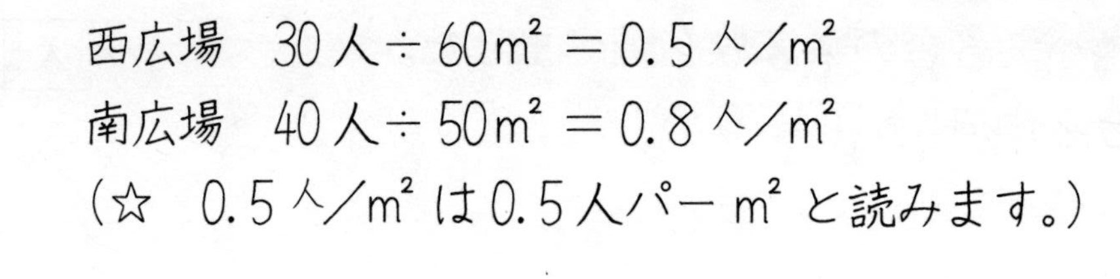

西広場　30人$\div 60m^2 = 0.5$人／m^2

南広場　40人$\div 50m^2 = 0.8$人／m^2

（☆　0.5人／m^2は0.5人パーm^2と読みます。）

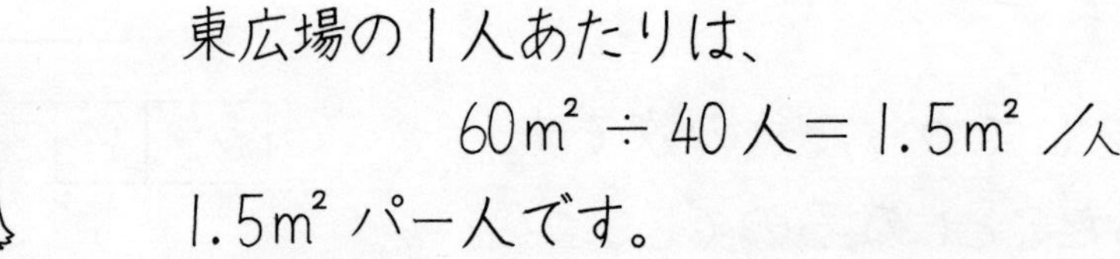

東広場の1人あたりは、

$60m^2 \div 40$人$= 1.5m^2$／人

$1.5m^2$パー人です。

$1m^2$あたりは、

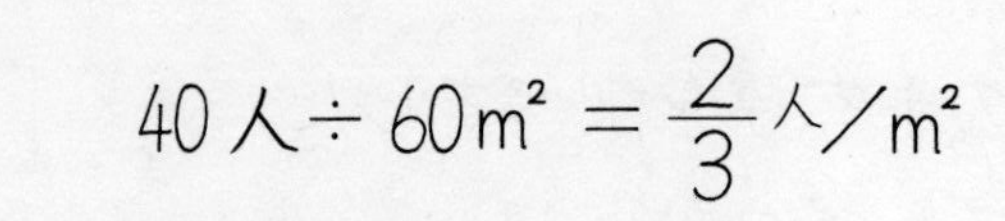

40人$\div 60m^2 = \frac{2}{3}$人／m^2

$\frac{2}{3}$人パーm^2です。

1 単位量あたり　こみぐあい ①

名前 ＿＿＿＿＿＿＿＿

1．団体客を乗せた観光バスが着きました。
　各団体の１台あたりの乗客数を求めましょう。バスの大きさはみな同じで、各団体は１台に同じ人数ずつ乗っています。

団体名	台数（台）	人数（人）
さくら	5	215
やよい	5	220
つつじ	4	180
さつき	4	168

さくら ＿＿＿＿

やよい ＿＿＿＿

つつじ ＿＿＿＿

さつき ＿＿＿＿

こんでいる順にかきましょう。

1.＿＿＿　2.＿＿＿　3.＿＿＿　4.＿＿＿

2．１号室と２号室の $1m^2$ あたりの人数を求めましょう。
こんでいるのはどちらでしょうか。

	面積（m^2）	人数（人）
１号室	60	51
２号室	80	64

１号室＿＿＿＿　２号室＿＿＿＿　＿＿＿＿

3．京都発大阪行と大阪発京都行の１車両あたりの人数を求めましょう。
こんでいるのはどちらでしょうか。

	車両（両）	乗客（人）
大阪行	8	628
京都行	6	405

大阪行＿＿＿＿　京都行＿＿＿＿　＿＿＿＿

単位量あたり「基準の量」

こみぐあいの問題では、1m² あたりなどといいました。

単位量あたりの問題は、1m² あたり○人などの基準(きじゅん)の量に対して、その何倍（いくつ分）が、比べる量になっているか、ということを調べます。

基準の量になるものとして、1個あたり何円、1個あたり何gなど1つのかたまりを基準とするものもありますし、1m² あたり何個（種をまく問題）、1cm² あたり何gなどの面積を基準とするもの、また1cm³ あたり何gなどの体積を基準とするものもあります。

さらに、1時間あたり何kmなど、時間を基準とするものとして、速度の問題があります。

これら単位量あたりの問題は、中学生になっても重要な内容になりますので、しっかり習熟しましょう。

割合などでも使用したかけ・わり図をかきます。

問題文を読んで、基準の量、比べる量、いくつ分は何か、図にかきこみます。

ここで、求めるものが何かをはっきりさせます。

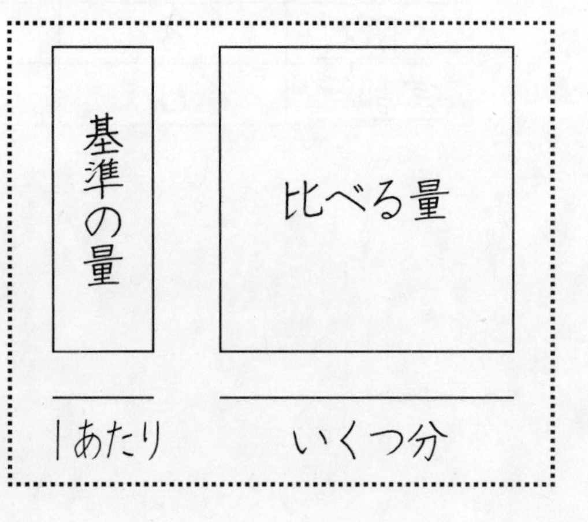

単位量あたりの3用法を調べてみましょう。

① 第1用法

基準の量 □ ／ 比べる量 390kg
1あたり ／ いくつ分6a

比べる量÷いくつ分＝基準の量

6aの田んぼから390kgの米がとれました。1aあたり何kgの米がとれましたか。

390÷6＝65

65kg/a

② 第2用法

基準の量 125kg/a ／ 比べる量 □
1あたり ／ いくつ分6a

基準の量×いくつ分＝比べる量

1aあたり125kgのみかんがとれる畑があります。6aからは何kgのみかんがとれますか。

125×6＝750

750kg

③ 第3用法

基準の量 14kg/a ／ 比べる量 84kg
1あたり ／ いくつ分 □

比べる量÷基準の量＝いくつ分

1aあたり14kgの豆がとれる畑があります。84kgの豆をとるには、何aの畑が必要ですか。

84÷14＝6

6a

② 基準の量（１あたり量）を求める ①

名前 ______________________

１．長さ４mで、重さ140gの針金があります。１mあたりの重さは何gになるのでしょうか。

□ g/m　140g

1　4m

140 ÷ 4 = 35

______ g/m

２．５aの田んぼから240kgの米がとれました。
１aあたり何kgの米がとれたのでしょうか。

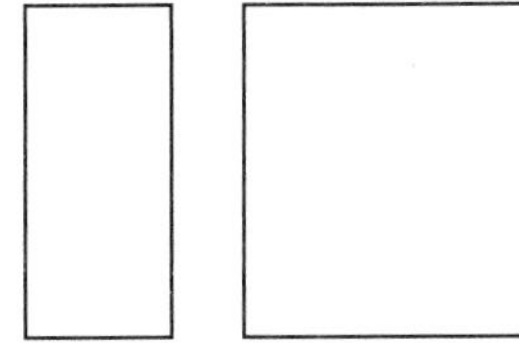

1

______

３．なつきさんの家では、4.5aの畑に肥料を6.3kgまきました。
１aあたり何kgの肥料をまいたことになるのでしょうか。

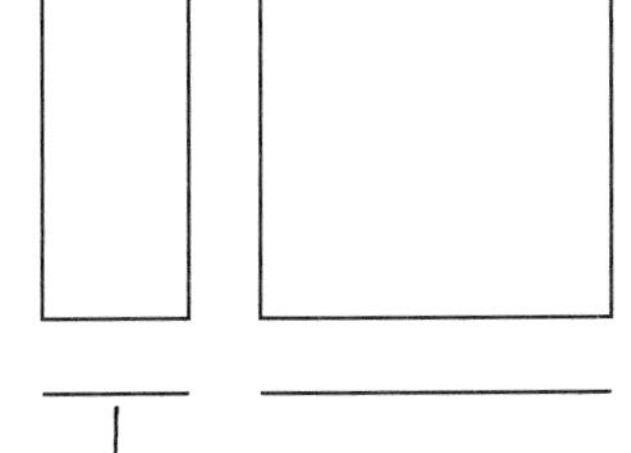

1

______

４．3.5mが4900円するカーテンがあります。
このカーテン１mあたりの値段は何円でしょうか。

1

______

５．４個で1000円のケーキがあります。
１個あたりの値段は何円でしょうか。

1

______

６．15mで1200円のひもがあります。
１mあたりの値段は何円になるでしょうか。

1

______

③ 基準の量（１あたり量）を求める ②

名前

1．10個で4000円のボールがあります。
　１個あたりの値段は何円でしょうか。

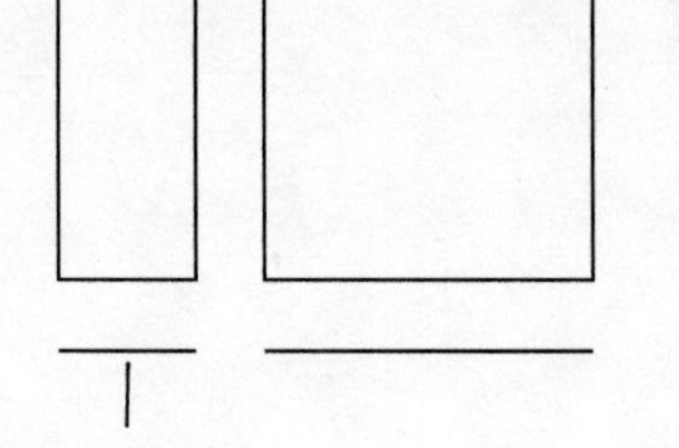

１

2．15個のボールの重さは1200gです。
　１個あたりのボールの重さは何gでしょうか。

１

3．4mで140gの針金があります。
　１mあたりの重さは何gでしょうか。

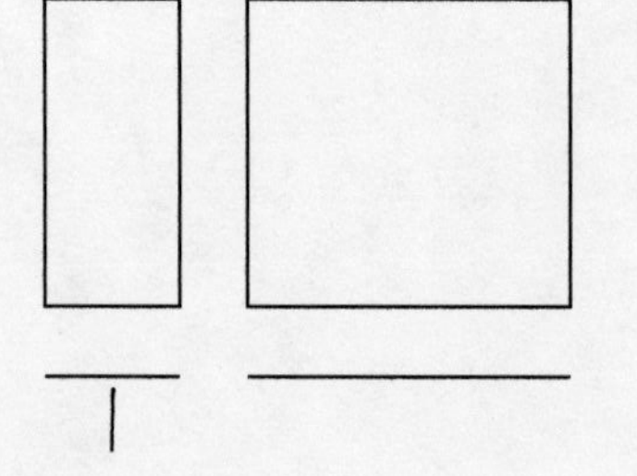

4．6aの田んぼから390kgの米がとれました。
　１aあたり何kgの米がとれたのでしょうか。

１

5．8aの田んぼから560kgの米がとれました。
　１aあたり何kgの米がとれたのでしょうか。

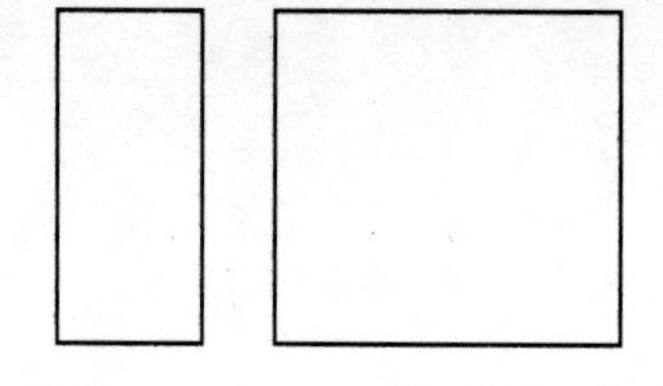

6．松野さんの家では、4.5aの畑に肥料を7.2kgまきました。
　１aあたり何kgの肥料をまいたことになるのでしょうか。

④ 基準の量（1あたり量）を求める ③

名前

1．3.5mが4900円するカーテンの生地があります。
　1mあたりの値段は何円でしょうか。

2．14mで1120円のリボンがあります。
　1mあたりの値段は何円でしょうか。

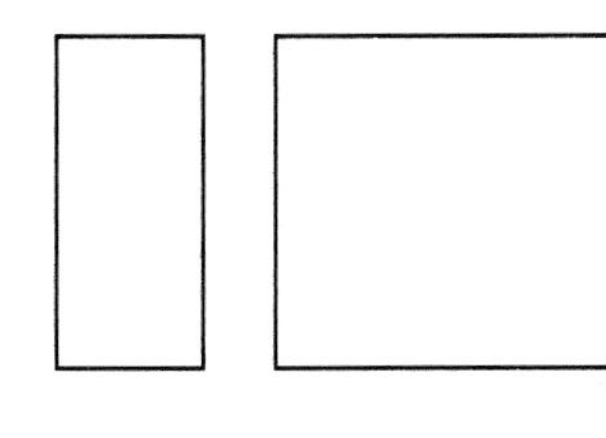

3．5kgが3150円のお米があります。
　1kgあたりの値段は何円でしょうか。

4．25m²の花だんに花のなえを500本植えました。
　1m²あたり何本植えたのでしょうか。

5．24m²の畑にじゃがいもの種いもを144個植えました。
　1m²あたり何個植えたのでしょうか。

6．15mの銅線の重さは750gです。
　1mあたり何gでしょうか。

単位量あたり「比べる量」

今日は「比べる量」を求める勉強です。
これもかけ・わり図を使って解きましょう。
全体量を求める図はこうなりますね。

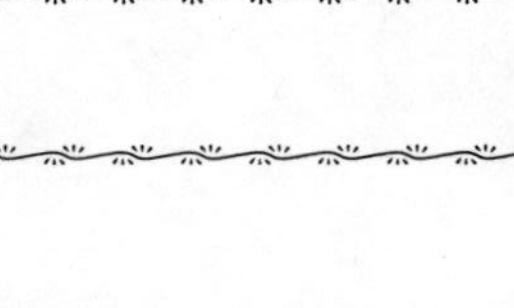

基準の量 | 比べる量
1あたり | いくつ分

基準の量といくつ分から比べる量を求めるのです。

基準の量×いくつ分
が**比べる量**です。

次の問題をしましょう。

1 m^2 に5dLのペンキをぬっていきます。
12 m^2 ぬるには何dLのペンキが必要でしょうか。

図にかきこみます。
1 m^2 あたり5dLなので
5dL／m^2 とかきます。

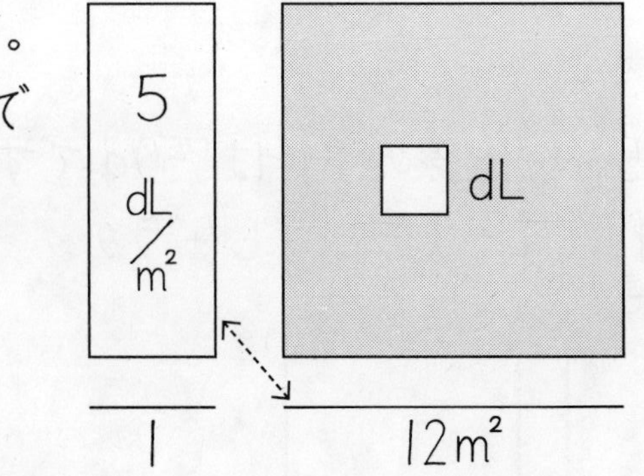

図を見て式にします。

$5 \times 12 = 60$

60dL

かけ・わり図にかきこむと、とてもわかりやすいですね。
問題文を読んで、何を求めているのかに、〜〜〜線をいれ、わかっているものに―― をいれると、はっきりします。

次の問題をしましょう。

ある道路をつくるのに、1mあたり240万円かかります。
300mつくるのに何万円かかるでしょうか。

「何万円かかるでしょう」が求めるもので〜〜〜、
「1mあたり240万円」と「300m」がわかっているもので―― です。

ある道路をつくるのに、1mあたり240万円かかります。
300mつくるのに何万円かかるでしょう。

これをかけ・わり図にかきこみます。

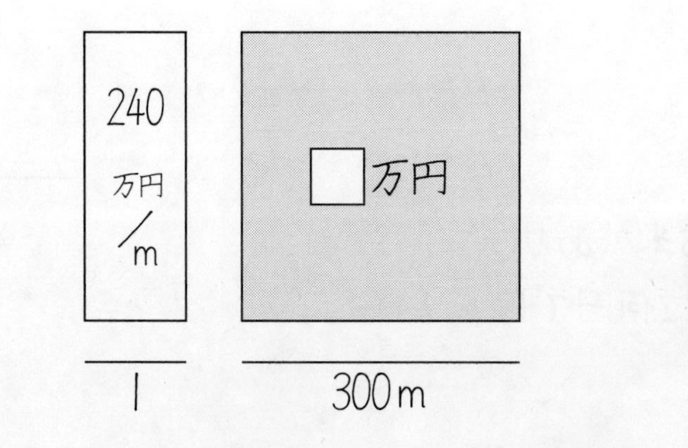

式と答えは次のようになります。

$240 \times 300 = 72000$

72000万円

5 比べる量を求める ①

名前

1．1 m^2 あたり 4.5dL のペンキを使って、かべをぬります。
3 m^2 のかべをぬるには、何 dL のペンキが必要でしょうか。

4.5 dL／m^2　□ dL

1　3 m^2

2．1 人あたり分が 6.5 m^2 の広さになる運動場があります。
児童数は 720 人です。運動場の広さは何 m^2 でしょうか。

1

3．バイパスを 1 m つくるのに 250 万円かかります。
バイパスを 220m つくると何万円になるでしょうか。

4．1 a あたり 120kg のみかんがとれる畑があります。
8.4a の畑からは何 kg のみかんがとれるでしょうか。

5．色紙を 1 人あたり 12 枚配ります。
35 人に配るには、色紙は何枚必要でしょうか。

6．1 人あたり 350 円の入園料を集めます。
34 人分集めると合計何円になるでしょうか。

⑥ 比べる量を求める ②

名前

1．1aあたり36kgのくりがとれる畑があります。
6.2aの畑からは、何kgのくりがとれるでしょうか。

2．1mあたり1500円のカーテンの生地があります。
カーテンを4.8m買うと何円でしょうか。

3．1aあたり1.3kgの肥料を畑にまきます。
8aの畑にまくには肥料は何kg必要でしょうか。

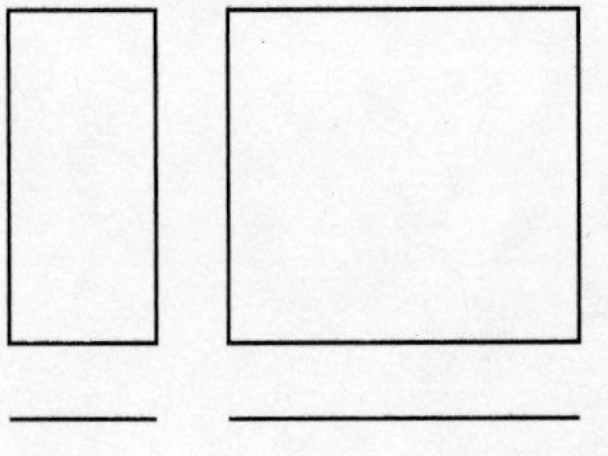

4．1人あたり180mLの牛乳を飲みます。
38人分では、何mLの牛乳が必要でしょうか。

5．1cm²が0.8gの重さのアルミニウムの板があります。
このアルミニウムの板400cm²の重さは何gでしょうか。

6．1本の重さが2.4gのくぎがあります。
このくぎ120本の重さは何gでしょうか。

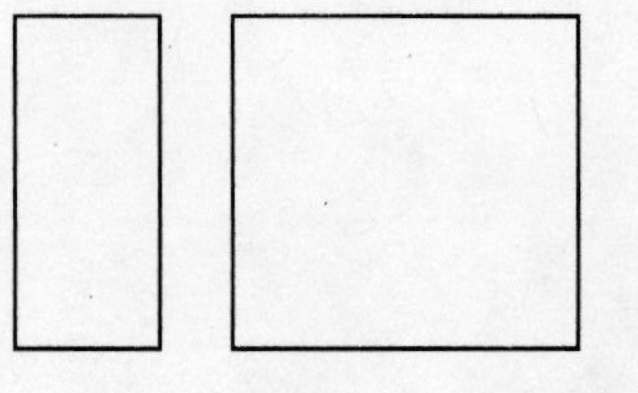

7 比べる量を求める ③

名前

1．往復はがき１枚の重さは6.9gです。
この往復はがき80枚の重さは何gでしょうか。

2．学習帳１冊の重さは120gです。
この学習帳120冊の重さは何gでしょうか。

3．１本の長さが3.2mのロープが、ちょうど80本とれる長いロープがあります。この長いロープの長さは何mでしょうか。

4．山道を１時間あたり6.5mの割合でなおしています。全部なおすのに84時間かかります。なおした山道は何mでしょうか。

5．１個4.2gのガラス玉が1500個あります。
全部で何gでしょうか。

6．１本の重さが7.6gのくぎを100本ずつ紙箱にいれます。
この箱６つ分の重さは何gでしょうか。（箱の重さは考えません。）

単位量あたり「いくつ分」

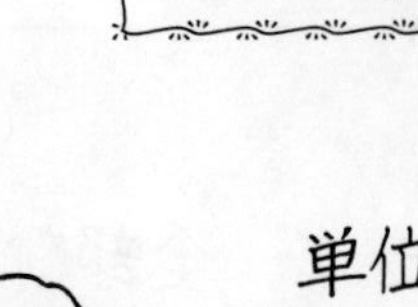

単位量あたりの3用法のうち、次の2つは終わりました。

① 比べる量÷いくつ分＝基準の量

② 基準の量×いくつ分＝比べる量

次は第3用法といわれる「いくつ分」を求める問題です。例題を考えてみましょう。

60dLのペンキがあります。1m²あたり5dLのペンキをぬると、何m²ぬれるでしょう。

〜〜〜や―――を入れると、次のようになります。

60dLのペンキがあります。1m²あたり5dLのペンキをぬると何m²ぬれるでしょうか。

かけ・わり図で考えてください。

図は楽にかけます。

5dLは1m²あたりの量で60dLは比べる量なので、右のようにかけます。式は、60dLわる5dL/m²となります。

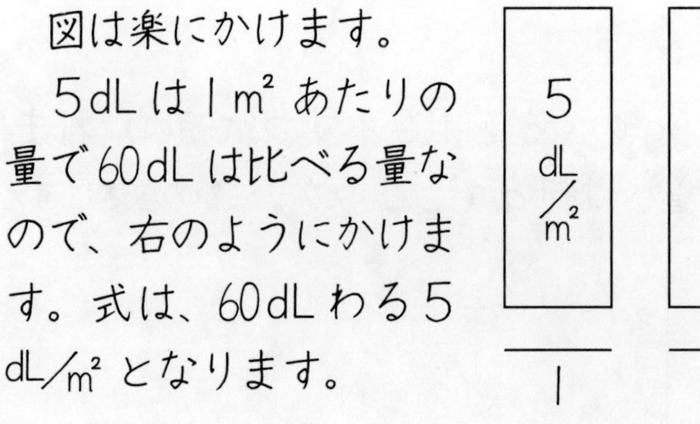

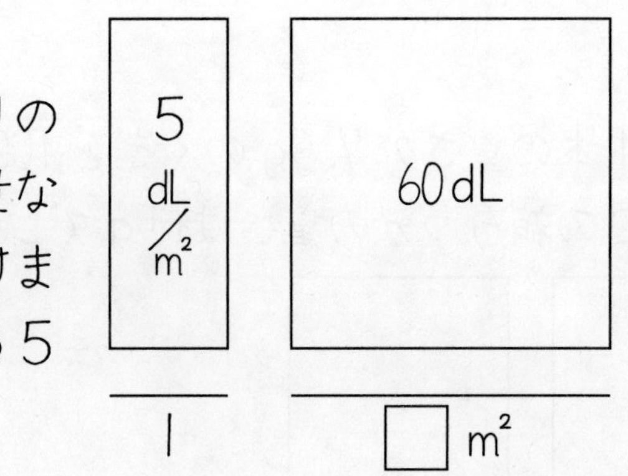

$60 \div 5 = 12$

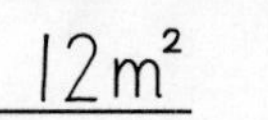

12m²

そうです。

基準の量を表すのに「／」パーを使うと1あたりの1が何を基準にしているかよくわかりますね。この問題の1あたりは1m²あたりを表しています。

単位だけをとり上げて式を見ると、

○dL÷△dL/m²＝□m²

単位だけを計算すると、次のようになります。

$$\mathrm{dL} \div \frac{\mathrm{dL}}{\mathrm{m}^2} = \mathrm{dL} \times \frac{\mathrm{m}^2}{\mathrm{dL}} = \frac{\cancel{\mathrm{dL}} \times \mathrm{m}^2}{\cancel{\mathrm{dL}}} = \mathrm{m}^2$$

では、もう1題解いてください。

1mあたり100円のロープを売っています。1500円で何m買えるでしょう。

図をかいて解きます。

式は、1500円わる100円/mになります。

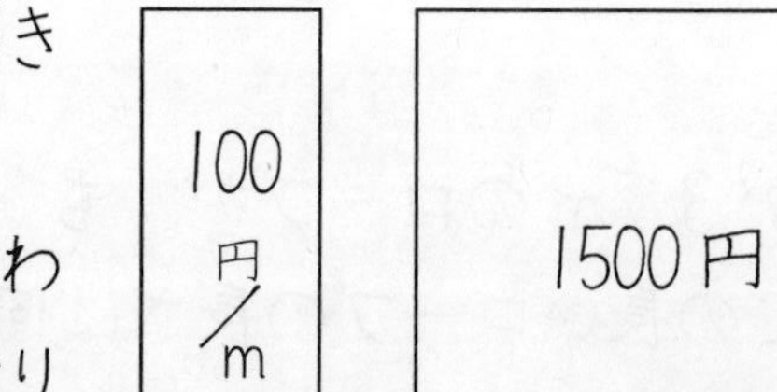

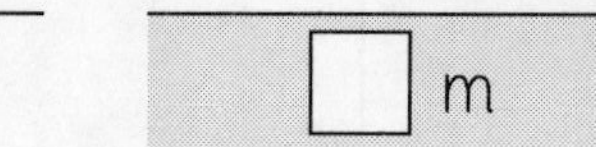

$1500 \div 100 = 15$

15m

8 いくつ分を求める ①

名前

1．ペンキが12dLあります。
$1\,m^2$ あたり4dLのペンキをぬると、何 m^2 ぬれるでしょうか。

$4\,dL/m^2$	12dL
1	□ m^2

2．重さが420gの針金があります。針金1mあたりの重さは7gです。
この針金の長さは何mでしょうか。

3．道路のほそうに、$1\,m^2$ あたり100kgのコンクリートを使います。
ミキサー車1台分10t（10000kg）のコンクリートを使うと、道路は何 m^2 ほそうできるでしょうか。

4．1mあたりの重さが6gの針金が420gあります。
この針金の長さは何mでしょうか。

5．肥料を畑に1aあたり4kgまきます。肥料は18kgあります。
何aの畑にまけるでしょうか。

6．$1\,cm^2$ が0.8gのアルミニウムの板があります。
このアルミニウムの板32gは何 cm^2 でしょうか。

9 いくつ分を求める ②

名前

1．バラ園１aあたりに９kgの肥料をまきます。バラ園全体では40.5kgの肥料が必要です。バラ園の広さは何aでしょうか。

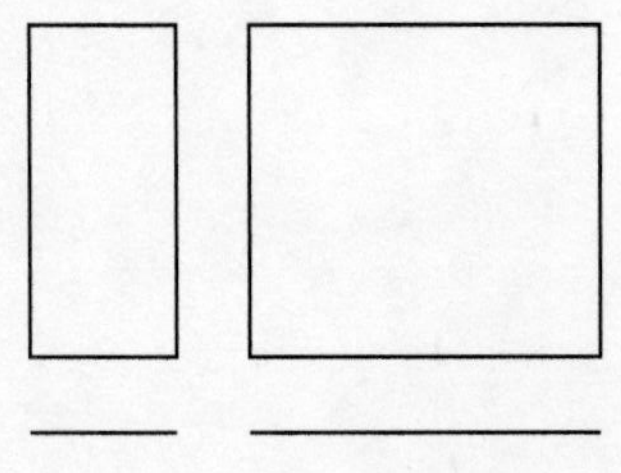

2．１枚が８円の千代紙を売っています。
この千代紙は600円では、何枚買えるでしょうか。

3．林小学校の運動場は、児童１人あたり$5m^2$です。運動場は$4200m^2$の広さです。林小学校の児童数は何人でしょうか。

4．１mあたりの重さが12gの針金があります。
針金全体の重さは600gです。この針金の長さは何mでしょうか。

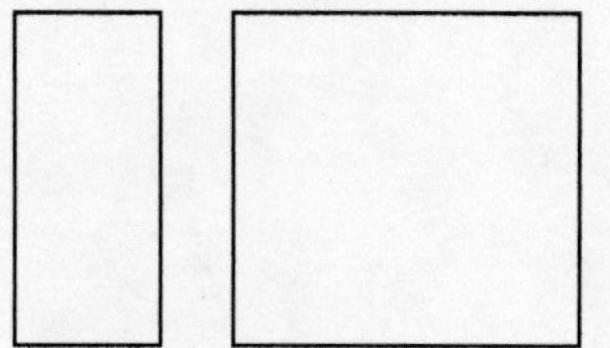

5．１aあたり24kgの豆がとれる畑があります。今年のしゅうかくは120kgでした。畑の広さは何aでしょうか。

6．ある車は、ガソリン１Lで16km走ります。
560km走るには何Lのガソリンが必要でしょうか。

10 いくつ分を求める ③

名前

1．1個の重さが6gのビー玉があります。
このビー玉が450gあります。ビー玉は何個でしょうか。

2．1Lあたり240円の牛乳があります。
1440円では何L買えるでしょうか。

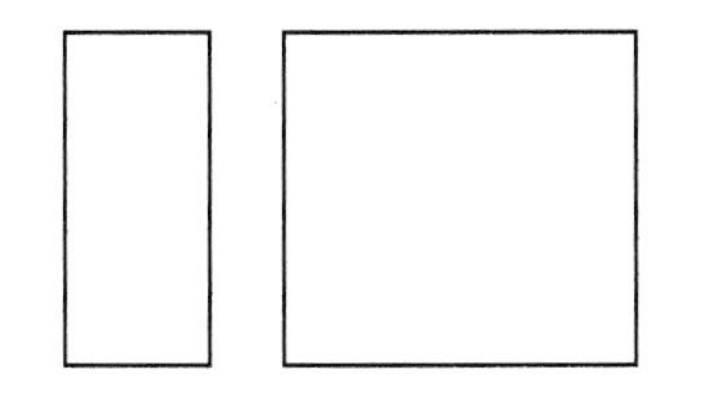

3．1分間に80枚印刷できるコピー機があります。
1200枚印刷するのに何分かかるでしょうか。

4．1mあたり1400円のカーテンの生地があります。
4900円では何m買えるでしょうか。

5．1kgが630円の米があります。
3150円では何kg買えるでしょうか。

6．1mの重さが45gの銅線があります。
この銅線が1125gあります。銅線の長さは何mでしょうか。

11 単位量あたりの文章題 ①

名前

1．A班は1分間に9個の折りづるをつくります。
この班が243個の折りづるをつくるには、何分かかるでしょうか。

2．じゃがいもが1m^2の畑から1.5kgとれます。
同じようにとれるとすると、110m^2の畑から何kgとれるでしょうか。

3．重さが476gのひもがあります。このひも1mの重さは14gです。
このひもの長さは何mでしょうか。

4．1人分が270円の入園券を32人分買いました。
合計何円でしょうか。

5．11.2Lの水を8m^2の畑に同じようにまきました。
1m^2あたり何Lの水をまいたのでしょうか。

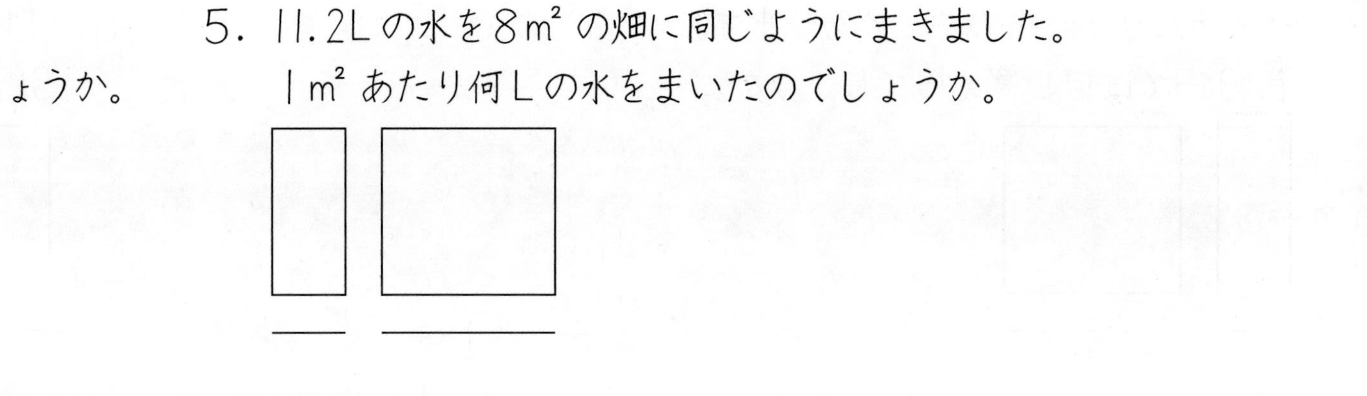

6．あめがふくろに74個入っていて、重さをはかると296gです。
このあめ1個の重さは何gでしょうか。（ふくろの重さは考えない。）

12 単位量あたりの文章題 ②

名前

1．春山市の人口は156000人で、面積は39km²です。
春山市の人口密度を求めましょう。（□人/km²）

2．夏山市の人口は22500人で面積は18km²です。
夏山市の人口密度を求めましょう。（□人/km²）

3．南町の人口は36800人で、面積は50km²です。
南町の人口密度を求めましょう。（□人/km²）

4．1gあたり2.6円のぶた肉を450g買いました。
代金はいくらでしょうか。

5．同じだんごを、東屋は5個275円で、南屋は3個174円で売っています。1個あたりの値段は、どちらの店が安いでしょうか。

6．遠足の代金は1人あたり320円です。
25人のクラスでは、合計何円になるでしょうか。

⑬ 単位量あたりの文章題 ③

名前

1．西町の人口は、12800人で、面積は40 km^2 です。
西町の人口密度を求めましょう。

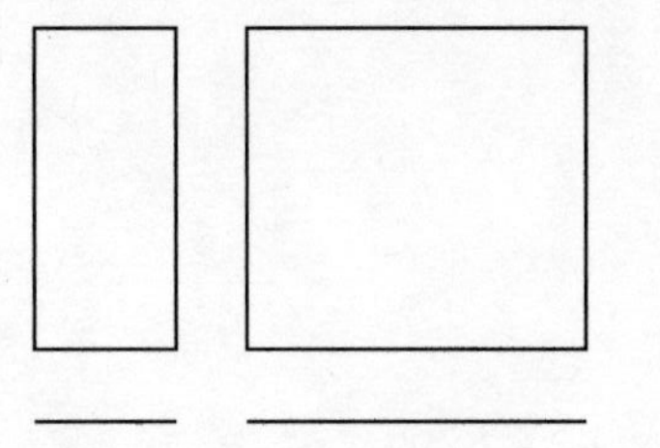

2．1 cm^2 が2.5gの銅板があります。
この銅板150gは何 cm^2 でしょうか。

3．ある自動車工場では、9時間で432台の車を生産します。この工場では1時間あたりの生産台数は何台でしょうか。

4．家庭菜園で1 m^2 あたり2kgのなすがとれました。家庭菜園の広さは5.8 m^2 です。菜園全体では何kgのなすがとれたのでしょうか。

5．9 m^2 のかべに20.7dLのペンキを使いました。1 m^2 あたり何dL使ったのでしょう。また、この割合で45 m^2 のかべをぬると何dLいるでしょうか。

6．100枚以上買うと、1枚あたり0.8円になる紙があります。
この紙を1000円はらうと、何枚買うことができるでしょうか。

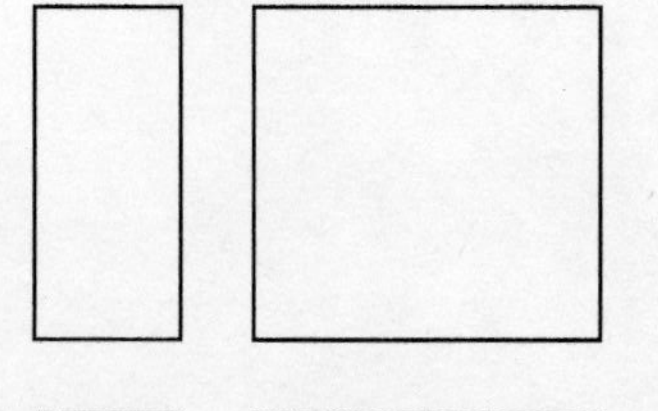

単位量あたりのまとめテスト ①

（答え各10点）

名前

1．下の表を見て、こんでいる電車の方を答えましょう。

	8時発	10時発	12時発	15時発
車両数	8両	8両	6両	6両
乗客数	976人	480人	480人	738人

① 8時発の電車と10時発の電車

② 10時発の電車と12時発の電車

③ 8時発の電車と15時発の電車

④ 一番こんでいる電車

2．60m² の畑から84kgのトマトがとれます。90m² の畑からは117kgのトマトがとれます。どちらの畑の方がよくとれるでしょうか。

3．東町の人口は、39400人で、面積は40km² です。
東町の人口密度を求めましょう。（□人/km²）

4．南店のだんごは3個138円です。北店のだんごは5個225円です。
どちらの店のだんごが安いでしょうか。

5．遠足のバス代は、1人あたり350円です。
28人のクラスでは、合計何円になるでしょうか。

6．1cm² が1.8gの銅板があります。
この銅板108gは何cm² でしょうか。

7．4m² のかべに12.8dLのペンキを使いました。1m² あたり何dL使ったのでしょう。この割合で24m² のかべをぬると何dLいるでしょうか。

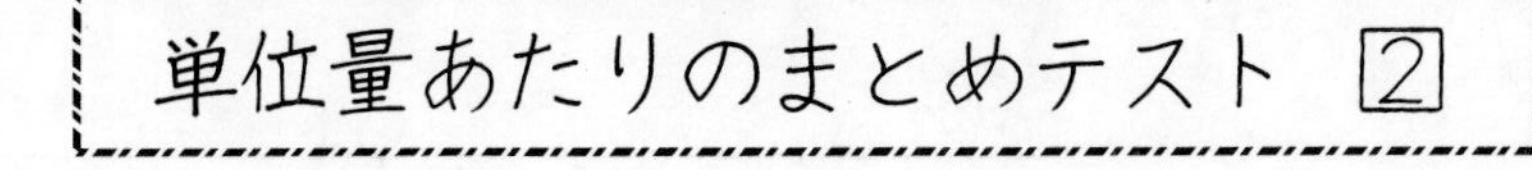

単位量あたりのまとめテスト ②

（答え各10点）　　名前＿＿＿＿＿＿＿＿

1．表を見て問いに答えましょう。

	車両数	乗客数
急行車	8両	848人
普通車	6両	642人

1両あたりの人数を求めましょう。どちらがこんでいるでしょうか。

急行車＿＿＿＿

普通車＿＿＿＿

＿＿＿＿

2．表を見て問いに答えましょう。
なすの畑です。

	面積	とれ高
東のなす畑	$50m^2$	150kg
南のなす畑	$80m^2$	248kg

$1m^2$ あたりのとれ高を求めましょう。どちらが多くとれたでしょうか。

東＿＿＿＿

南＿＿＿＿

＿＿＿＿

3．南町の人口は43500人で、面積は $30km^2$ です。
南町の人口密度を求めましょう。

＿＿＿＿

4．14.4Lの水を $8m^2$ の花だんに同じようにまきました。
$1m^2$ あたり何Lの水をまいたことになるでしょうか。

＿＿＿＿

5．遠足のバス代を1人あたり340円集めます。
32人のクラスでは、合計何円になるでしょうか。

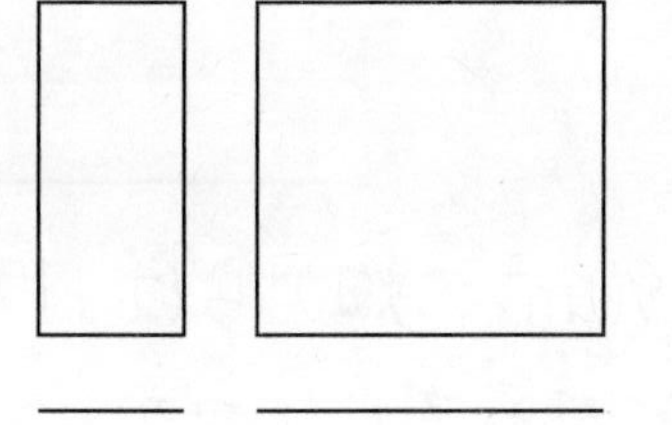

＿＿＿＿

6．$1cm^2$ が2.8gの鉄板があります。
この鉄板224gは何 cm^2 でしょうか。

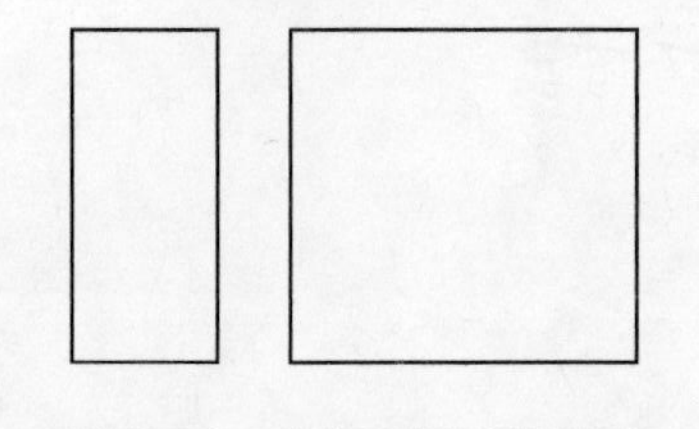

＿＿＿＿

単位量あたりのまとめテスト 3

(図は各5点、問題各10点)

名前

1．A班は1分間に9個の折りづるをつくります。
315個の折りづるをつくるには、何分かかるでしょうか。

9個/分　315個
1　□分

2．じゃがいもが1m^2から1.8kgとれました。
50m^2の畑からは何kgとれたでしょうか。

3．長い紙ひもの重さは510gです。紙ひも1mの重さは15gです。
この紙ひも全体の長さは何mでしょうか。

4．1個3.4gのキャンデーが720個あります。
全部で何gになるでしょうか。

5．336問の計算問題があります。
1日に24問ずつすると、何日かかるでしょうか。

6．土地をトラクターで整地します。420m^2を整地するのに3.5時間かかりました。1時間あたり何m^2を整地したのでしょうか。

7．8分で44000枚の広告を印刷しました。
1分で何枚印刷したことになるのでしょうか。

速　さ

この表は、おもちゃの自動車が走った時間と、進んだ長さを表しています。それぞれの速さを計算しましょう。

	すみれ号	たんぽぽ号	れんげ号	つくし号
走った時間	6秒	6秒	4秒	3秒
進んだ長さ	4.8m	7.2m	7.2m	5.1m

走った時間は単位が秒ですね。だから、おもちゃの自動車の速さは、□m/秒で表せます。（□mパー秒です。）

□ m/秒	（　　）m
1秒	（　　）秒

速さの問題もかけ・わり図がそのまま使えますよ。

すみれ号とたんぽぽ号の速さを計算します。

□ m/秒	4.8m
1秒	6秒

$4.8 \div 6 = 0.8$

0.8m/秒

□ m/秒	7.2m
1秒	6秒

$7.2 \div 6 = 1.2$

1.2m/秒

かけ・わり図を使うと式が見えてきますね。

かけ・わり図をさらにくふうすると、田の形をした『4マス』になります。

基準の量	比べる量
1	いくつ分

→

基準の量	比べる量
1	いくつ分

『4マス』

『4マス』に速さ、時間や道のり（きょり）をかきこむとこのようになります。

速さ	きょり
1	時間

※　道のりときょりはちがいますが、自動車などが進んだ長さを走行きょりというので、きょりを使うことにします。

きょり÷時間＝速さ

『4マス』を使ってれんげ号とつくし号の速さを求めましょう。

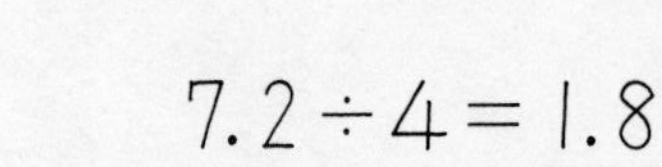

□ m/秒	7.2m
1秒	4秒

$7.2 \div 4 = 1.8$

1.8m/秒

□ m/秒	5.1m
1秒	3秒

$5.1 \div 3 = 1.7$

1.7m/秒

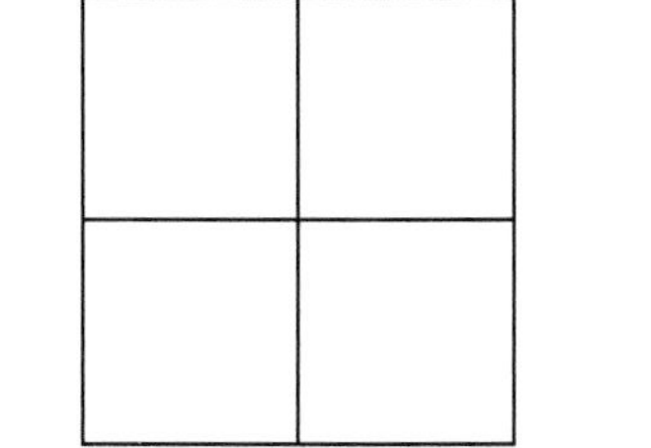

速さを求める ①

名前

速さとは……「ものが、単位時間あたり（1秒あたりとか、1分あたりとか、1時間あたり）どれだけ動いたか」を表す量です。

時速	1時間あたりの速さ
分速	1分あたりの速さ
秒速	1秒あたりの速さ

速さ	きょり
1	時間

『4マス』から速さを求める式がわかります。

きょり÷時間＝速さ

1．犬は72mを4秒で走り、馬は72mを6秒で走りました。
それぞれの速さを求めましょう。

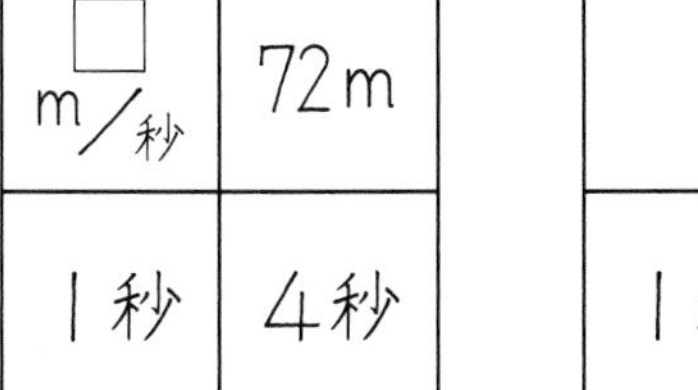

□ m/秒	72m
1秒	4秒

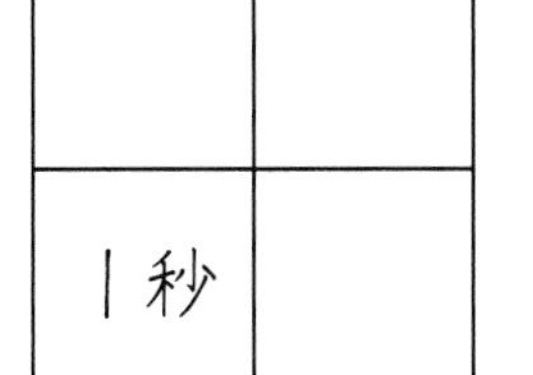

1秒	

$72 \div 4 = 18$

犬　18m/秒

馬

2．ヘリコプターが分速3360mでとんでいます。
秒速は何mでしょうか。

3．春山さんは50秒で400m、夏木さんは40秒で300m走ります。それぞれの秒速を求めましょう。

1	

1	

春山

夏木

4．さけは、海から川をさかのぼるとき、30分で22.5km泳ぎます。このときのさけの分速は何mでしょうか。（単位に気をつける。）

5．新幹線ひかり号は、新神戸と広島の307.5kmを1.5時間で走ります。このひかり号の時速は何kmでしょうか。

速さを求める ②

名前

1．それぞれの速さ（速度）を求めましょう。

① 15秒間に105m進むときの秒速（□ m/秒）

1	

② 6分間に21km進むときの分速（□ km/分）

1	

③ 14時間に448km進むときの時速（□ km/時）

1	

④ 8時間に280km進むときの時速（□ km/時）

1	

2．それぞれの速さ（速度）を求めましょう。

① 45秒間で18m進むときの秒速（□ m/秒）

1	

② 55秒間で44m進むときの秒速（□ m/秒）

1	

③ 6000mを4分間で進むときの分速（□ m/分）

1	

④ 6時間で27km進むときの時速（□ km/時）

1	

進んだ長さ　きょり

『４マス』を見てください。

速さ	きょり
1	時間

速さに時間をかけると、きょりになることがわかります。

速さ×時間＝きょり

時速40km（40 km/時）で走る観光バスが、３時間走ると、その走行きょりは40 km/時かける３時間は120kmになります。自動車に乗る機会が多いので**速さ×時間＝きょり**は理解できますね。

では、次の問題をしてみましょう。

北本さんは、時速3.6kmで４時間歩いて目的地に着きました。北本さんは何km歩いたでしょう。

『４マス』をかいてから、式をかいて計算します。

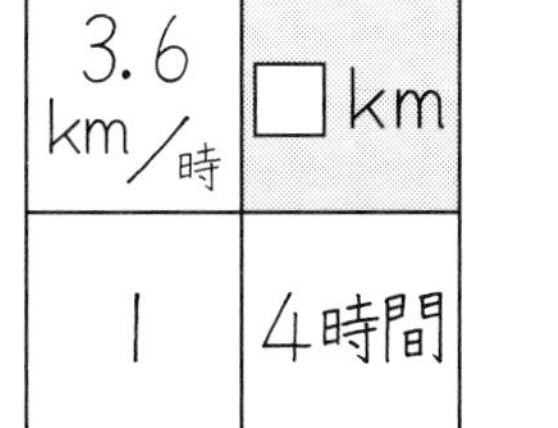

3.6 km/時	□km
1	4時間

3.6×4＝14.4

14.4km

もう１問しましょう。

音は空気中を１秒あたり340mの速さで伝わります。いなずまが光ってから６秒後にかみなりの音が聞こえました。

かみなりは何mはなれたところに落ちたのでしょうか。

340 m/秒	□m
1	6秒

『４マス』がかけたので、式をかいて計算します。

340×6＝2040

2040m

下の表のきょりを計算で求めましょう。

	A	B	C	D
速　さ	8 m/秒	50 m/分	12 km/時	60 km/時
時　間	5秒	2.4分	3.5時間	0.6時間
きょり				

（計算）

きょりを求める ①

名前

1．時速45kmの観光バスは2時間で何km進むでしょうか。

2．分速1.8kmのハトが1時間飛ぶと、何kmになるでしょうか。

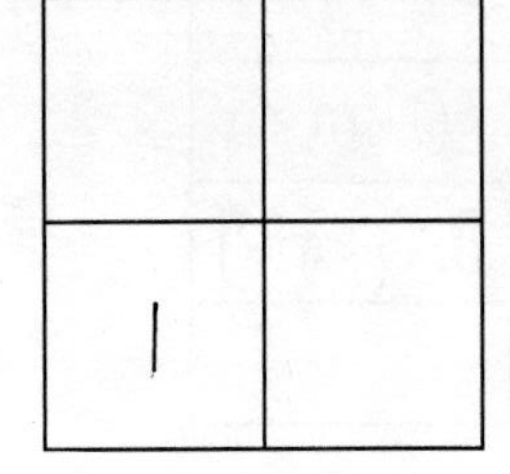

3．チーターは秒速32mで走ります。
7秒走ると、何m進むでしょうか。

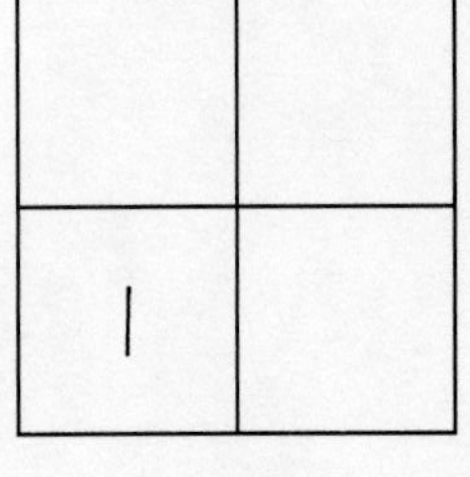

4．馬は秒速12mで走ります。4分走ると、何m進むでしょうか。
（4分を秒になおしましょう。）

5．分速0.3kmの自転車が50分走ると、何km進むでしょうか。

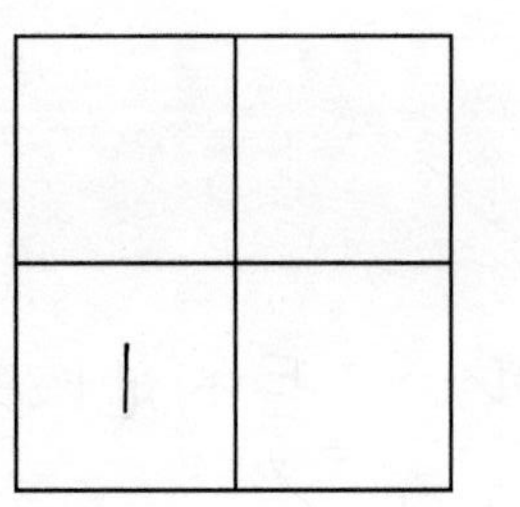

6．分速65mで歩く人が1時間歩くと、何m進むでしょうか。

きょりを求める ②

名前

1．分速720mで泳ぐ魚が40分泳ぎ続けると、何m進むでしょうか。

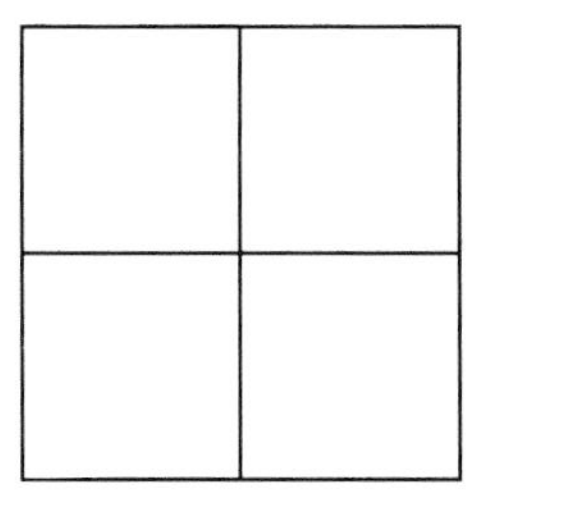

2．山口さんは秒速4mで30分走りました。
山口さんは何m走ったのでしょうか。

3．高速道路を時速75kmで走る自動車は、2.5時間で何km進むでしょうか。

4．秒速6.5mであがっていくエレベーターがあります。
30秒では、何mの高さまで進むでしょうか。

5．音は空気中を秒速340mで伝わります。
1分では何m伝わるでしょうか。

6．分速900mの電車の時速は何mでしょう。また、何kmでしょうか。

時　間

次の問題を考えましょう。

空気中の音の速さは、秒速340mです。今、1360m先の海上で花火が打ち上げられました。音が聞こえるのは何秒後でしょうか。

いつもしているように『4マス』をかいてみます。

速さ	きょり
1	時間

340 m/秒	1360m
1	□秒

『4マス』を見て、式をかいて計算します。

1360 ÷ 340 = 4

4秒後

きょり÷速さ＝時間　ですね。

次の問題も考えてください。

新神戸から東京まで約588kmあります。

時速210kmのこだま号は、何時間かかるでしょう。

210 km/時	588km
1	□時間

588 ÷ 210 = 2.8

$$\begin{array}{r} 2.8 \\ 210\overline{)588} \\ 420 \\ \hline 1680 \\ 1680 \\ \hline 0 \end{array}$$

2.8時間

次の表の時間を計算で求めましょう。

	A	B	C	D
きょり	24m	600m	10.8m	4.2km
速さ	3m/秒	80m/分	0.6m/秒	10.5km/時
時間				

（計算）

時間を求める ①

名前 ＿＿＿＿＿＿＿＿

1．高速道路の東口インターから西野インターまでは、280kmあります。
ここを時速80kmで走ると、何時間かかるでしょうか。

1	

＿＿＿＿＿

2．時速35kmのミキサー車が、21km先の工事現場へ走っています。
何時間で、工事現場に着くでしょうか。

1	

＿＿＿＿＿

3．池を一周する遊歩道の長さは900mです。
この遊歩道を分速120mの一輪車で走ると、何分かかるでしょうか。

1	

＿＿＿＿＿

4．スポーツカーは、221km走って東山インターを出ました。
スポーツカーの時速は85kmです。何時間走ったのでしょうか。

1	

＿＿＿＿＿

5．分速0.2kmでジョギングする人がいます。
2.5km走ると何分かかるでしょうか。

1	

＿＿＿＿＿

6．時速85kmの電車が、238km走りました。
かかった時間は何時間でしょうか。

1	

＿＿＿＿＿

時間を求める ②

名前

1．時速110kmで走る電車は、506kmを走るのに何時間かかるでしょうか。

1	

2．分速70mで歩く人は、1540m進むのに何分かかるでしょうか。

1	

3．秒速7mで走る人は、105m走るのに何秒かかるでしょうか。

1	

4．チーターは秒速32mで走ります。チーターは80m走るのに何秒かかるでしょうか。

1	

5．マラソンは、約42kmのきょりを走ります。
時速15kmで走ると約何時間かかるでしょうか。

1	

約

6．東京、ワシントン間10920kmを、時速1050kmのジェット機で飛ぶと、何時間かかるでしょうか。

1	

秒速、分速、時速 ①

名前

秒　速 ⇄ 分　速 ⇄ 時　速

×60　×60

÷60　÷60

1．表のあいているところを求めましょう。

	秒　速	分　速	時　速
自転車	5m	m	km
自動車	m	720m	km
電　車	m	2.4km	km
飛行機	m	km	1080km

（計算）

2．表のあいているところを求めましょう。

	秒　速	分　速	時　速
ア	9m	m	km
イ	m	840m	km
ウ	m	km	216km
エ	0.55km	km	km

（計算）

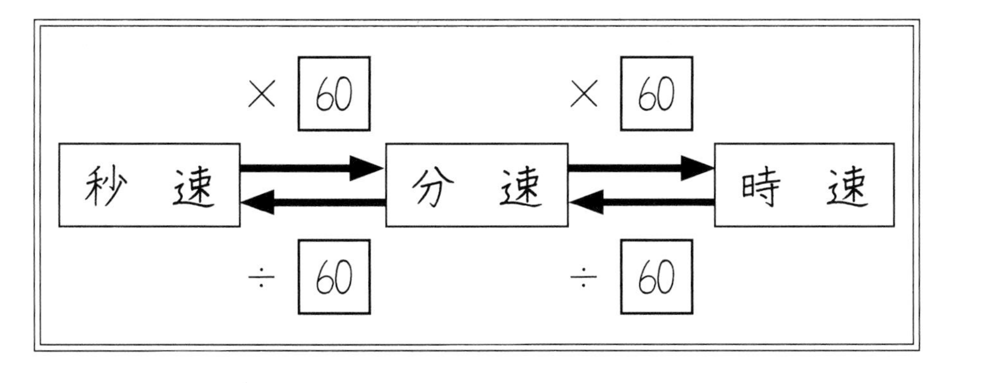

秒速、分速、時速 ②

名前

1. 表のあいているところを求めましょう。

	時　速	分　速	秒　速
ア	18km	m	m
イ	km	m	19m
ウ	183.6km	km	m
エ	km	km	0.9km

（計算）

2. 表のあいているところを求めましょう。

	時　速	分　速	秒　速
ア	km	m	6m
イ	km	2220m	m
ウ	km	km	24m
エ	2160km	km	km

（計算）

秒速、分速、時速 ③

名前

1．表のあいているところを求めましょう。

	時　速	分　速	秒　速
ア	km	480m	m
イ	km	m	15m
ウ	km	2.28km	m
エ	2520km	km	km

（計算）

2．表のあいているところを求めましょう。

	秒　速	分　速	時　速
イルカ	m	840m	km
犬	18m	m	km
ヘリコプター	m	3300m	km
音（空気中）	340m	km	km

（計算）

速さの図　T（ティー）図

速さの図は、４マス図を使ってきました。
４マス図は、４マスの左下が必ず１と決まっていますね。
この１をとって、

速さ	きょり
	時間

（つなぐ：速さ ↔ 時間）

速さと時間をつなぐと、どんな図になるでしょうか。**きょり**のところがのびて、その下に**速さ**と**時間**がきますね。

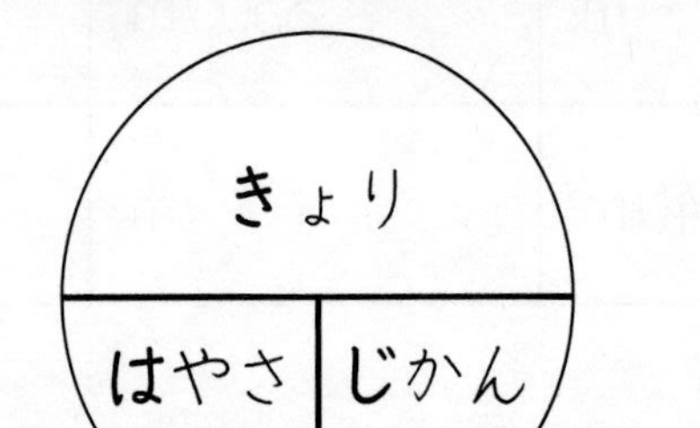

T（ティー）をまるく囲んでいる図なので『T図』といいます。

『T図』の覚えかたは、**き**の下に**は**と**じ**があるので、<u>**き**のした **はやじ**ろう</u>です。

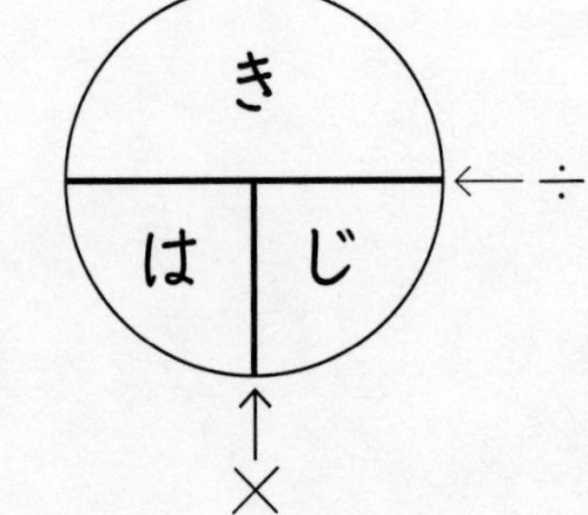

この T図はすごい図ですよ。
計算のしかたがすぐわかります。

きょり÷**じ**かん＝**は**やさ
きょり÷**は**やさ＝**じ**かん
はやさ×**じ**かん＝**き**ょり

さっそく『T図』をためしてみましょう。

① 分速75ｍで、30分歩くきょりは？

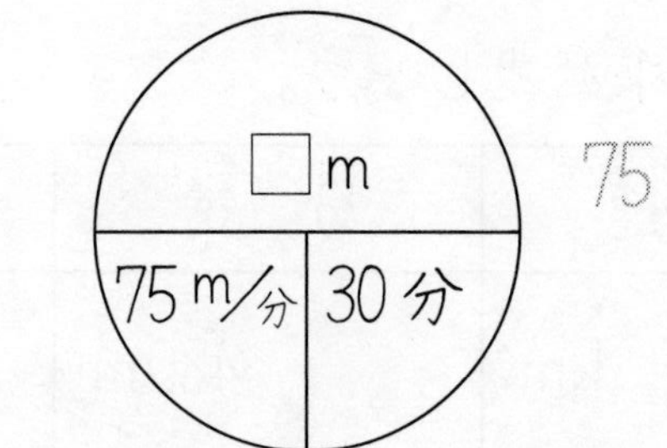

75×30＝2250

2250ｍ

② 秒速18ｍで、3.6km進むのにかかる時間は？

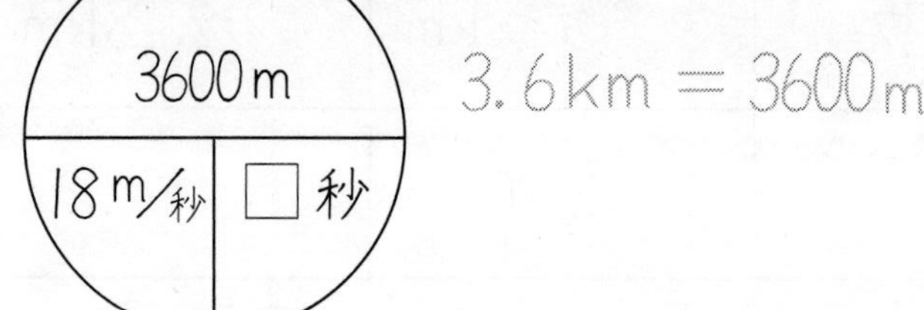

③ ４秒間に、280ｍ走る人の秒速は？

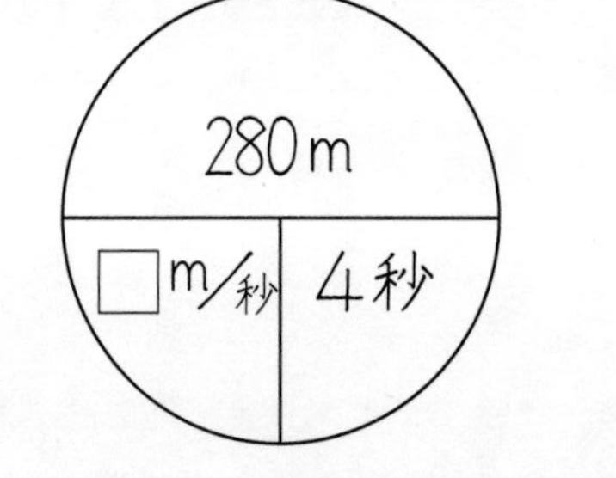

④ 秒速８ｍで、45秒間走るきょりは？

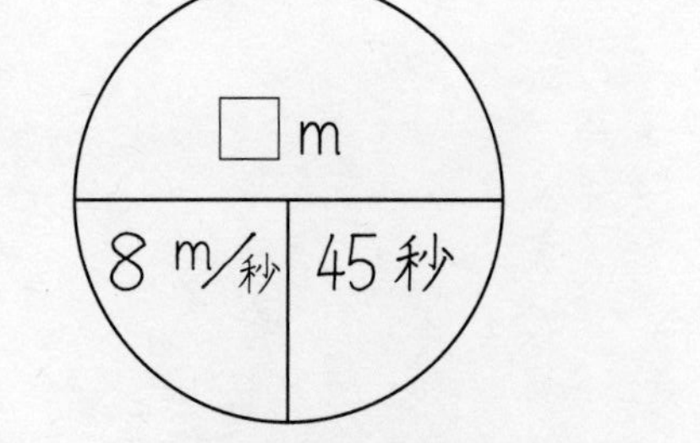

T図を使って ①

名前＿＿＿＿＿＿＿＿

1．次の速さ、時間、きょりを求めましょう。

① 時速60kmで90km進むのにかかる時間は？

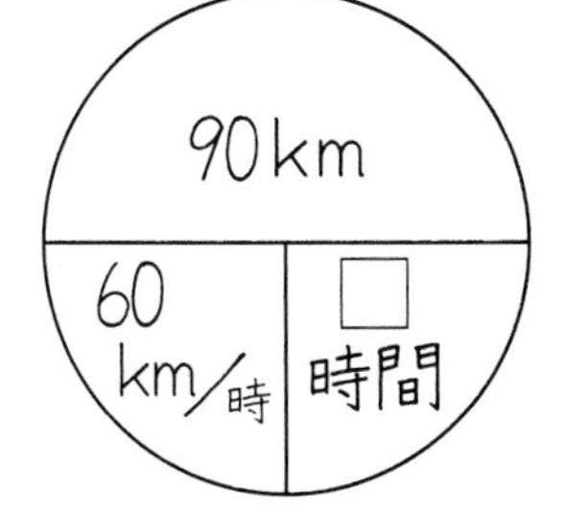

＿＿＿＿＿＿

② 7分間に5.6km走る馬の分速は？

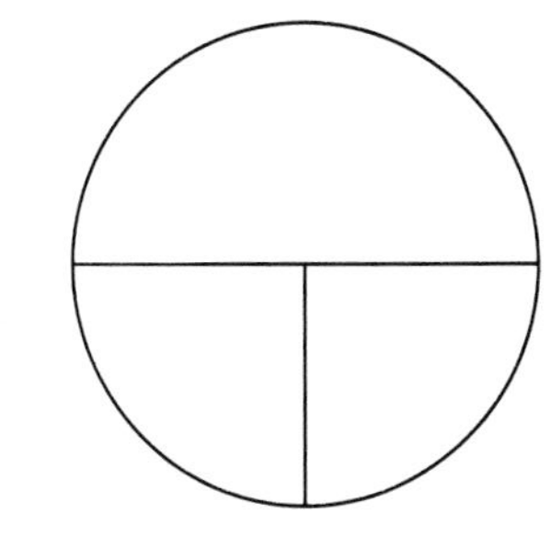

＿＿＿＿＿＿

③ 時速80kmで、3時間進むきょりは？

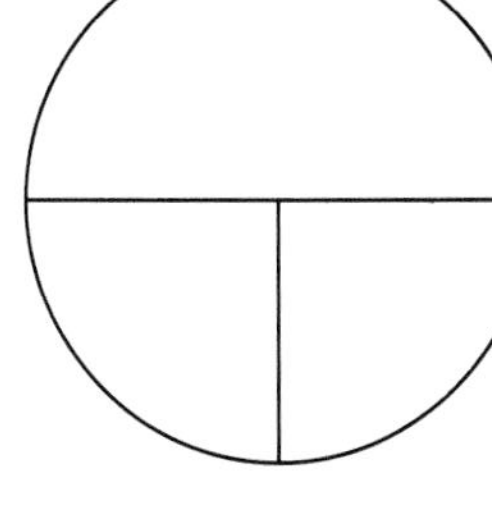

＿＿＿＿＿＿

④ 分速65mで、30分歩くきょりは？

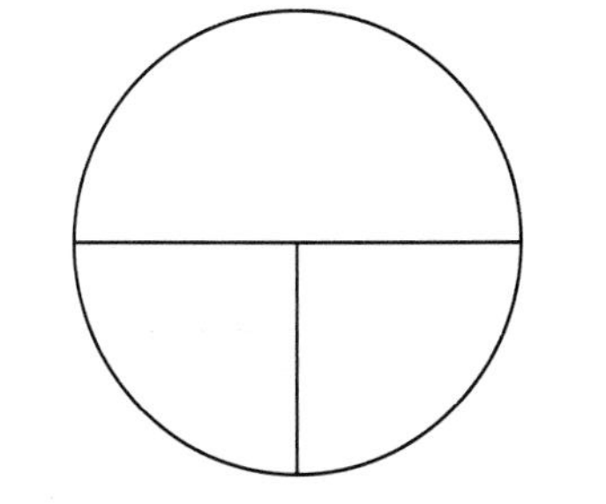

＿＿＿＿＿＿

2．次の速さ、時間、きょりを求めましょう。

① 4秒間に30m走る人の秒速は？

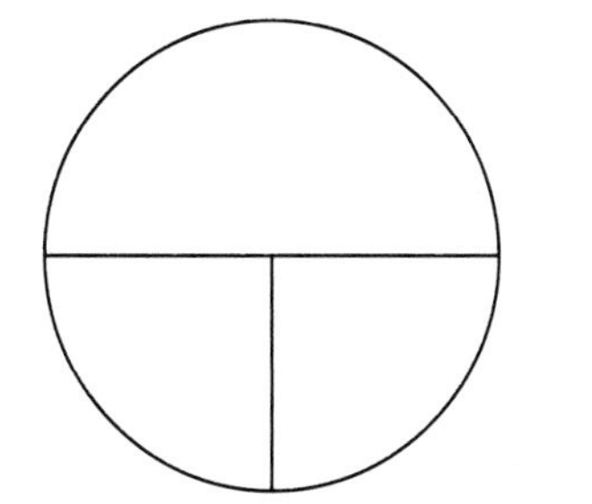

＿＿＿＿＿＿

② 3時間に105km進む時速は？

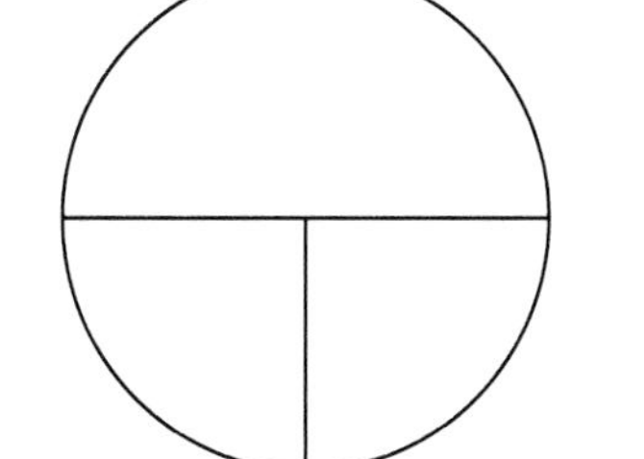

＿＿＿＿＿＿

③ 秒速6mで45秒走るきょりは？

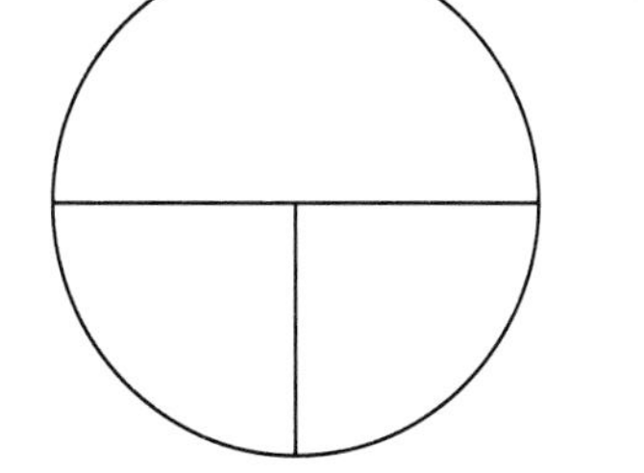

＿＿＿＿＿＿

④ 秒速60mで2.4km進むのにかかる時間は？

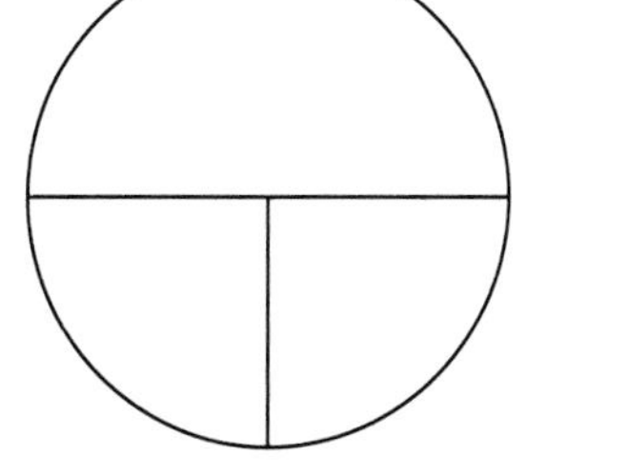

＿＿＿＿＿＿

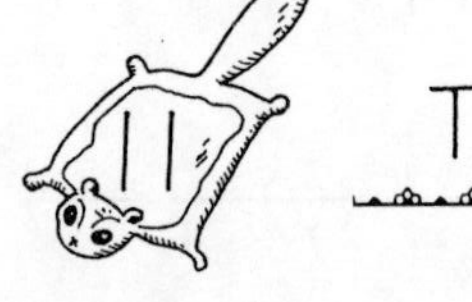

T図を使って ②

名前 ＿＿＿＿＿＿＿＿

1．1190mはなれたところで打ち上げ花火を見ています。花火が上がってから3.5秒後に音が聞こえました。音の秒速を求めましょう。

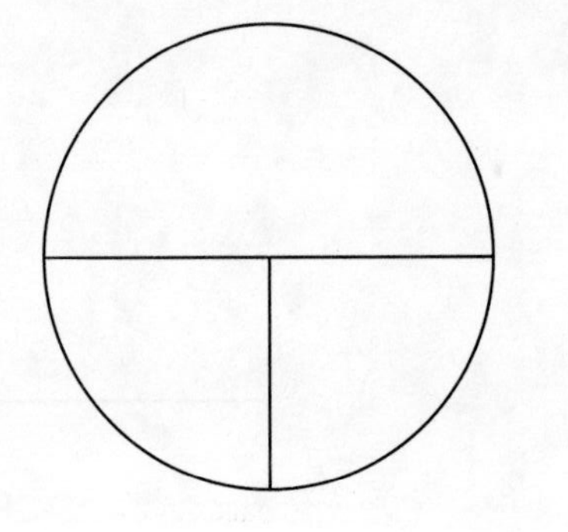

＿＿＿＿＿＿

2．打ち上げ花火を見て2.5秒後に音が聞こえました。音速を秒速340mとすると、花火のところまでは何mでしょうか。

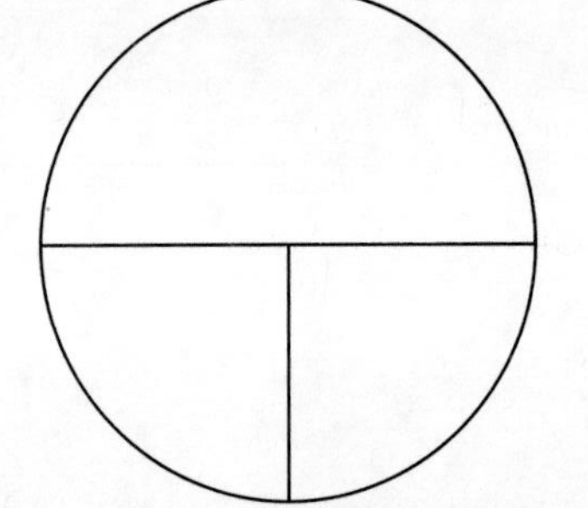

＿＿＿＿＿＿

3．952mはなれたところで打ち上げた花火の音が、ここまで聞こえるのに何秒かかるでしょうか。音速は秒速340mです。

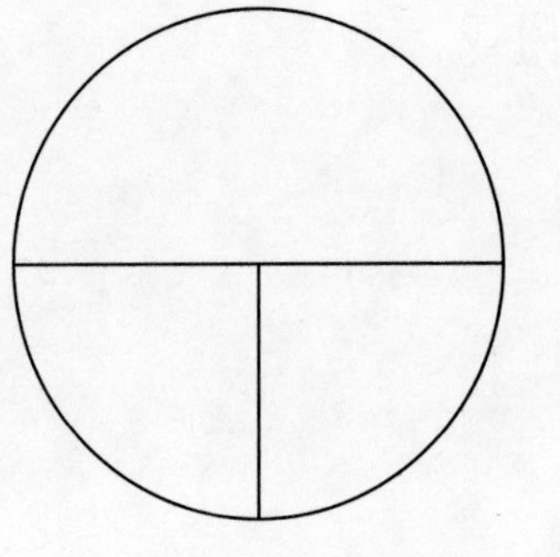

＿＿＿＿＿＿

4．時速45kmで走る自動車があります。
この速さで180km走ると何時間かかるでしょうか。

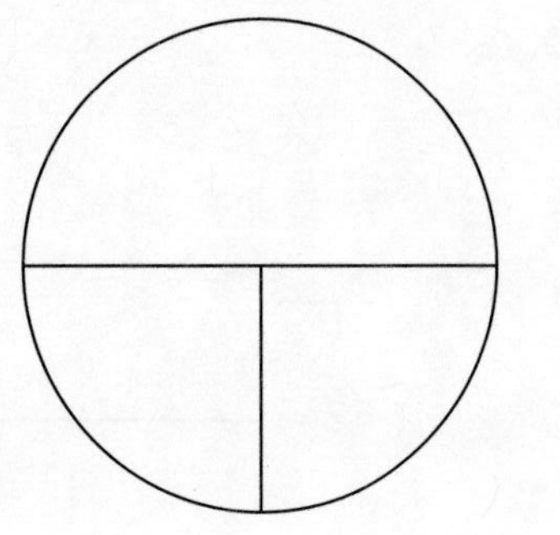

＿＿＿＿＿＿

5．モノレールが20kmを25分で走っています。
このモノレールの分速は何kmでしょうか。

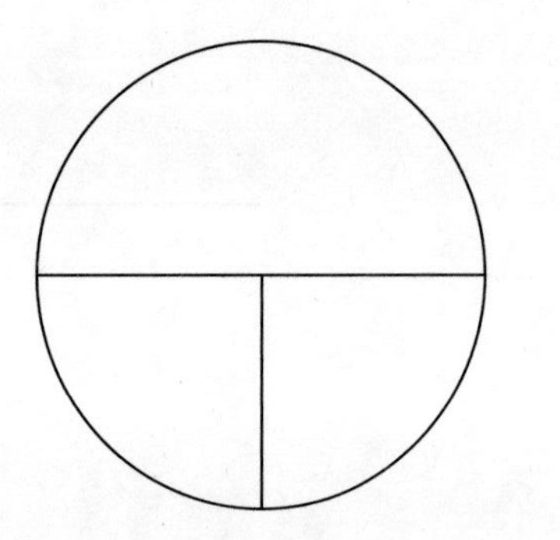

＿＿＿＿＿＿

6．分速1.6kmで走る特急電車があります。
この速さで43分走り続けると何km進むでしょうか。

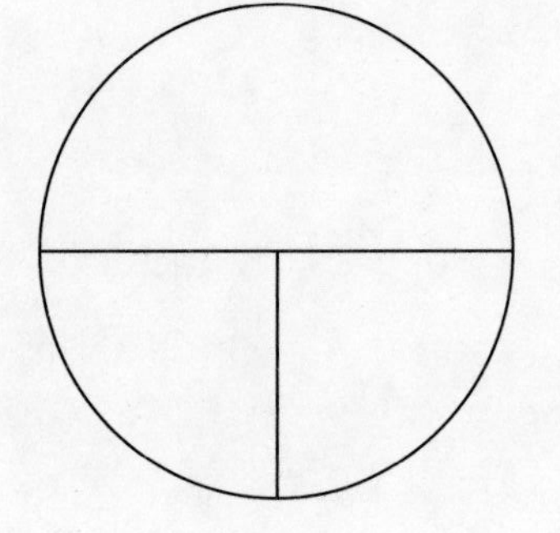

＿＿＿＿＿＿

T図を使って ③

名前

1．かたつむりは分速0.8m進むそうです。
5.2m進むのに何分かかるでしょうか。

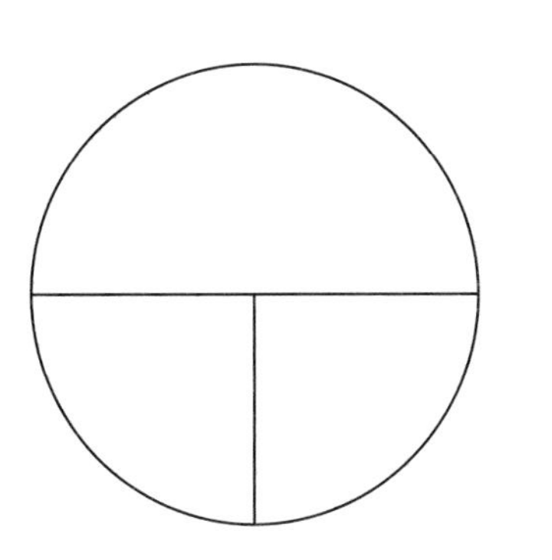

2．時速85kmで走る自動車に、2.5時間乗ると何km進むでしょうか。

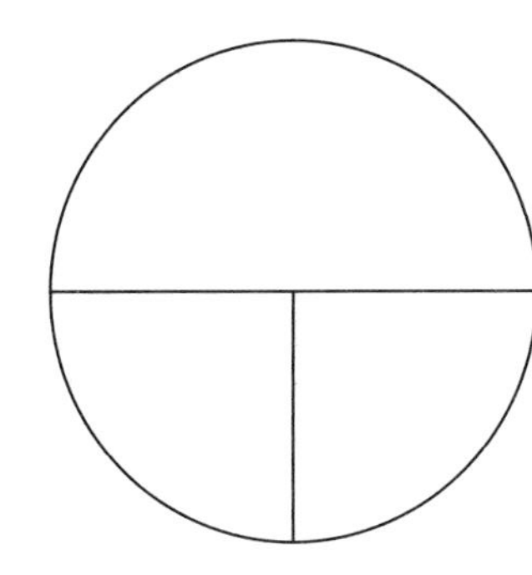

3．90kmのきょりを車で2時間かかりました。
この車の時速は何kmでしょうか。

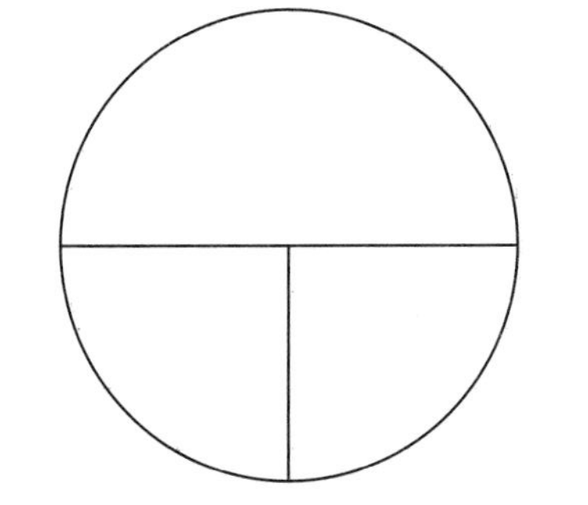

4．かみなりが光って7.5秒後に音が聞こえました。音速を秒速340mとして、かみなりの光ったところまでのきょりを求めましょう。

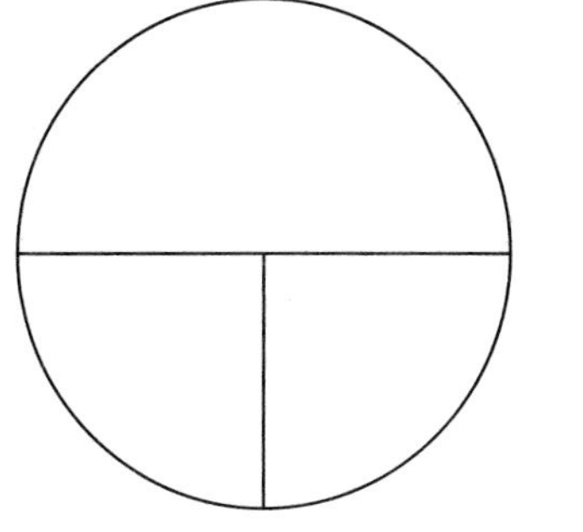

5．ピューマは秒速23mで走ります。この速さで、8秒間走ると、何m走ることになるでしょうか。

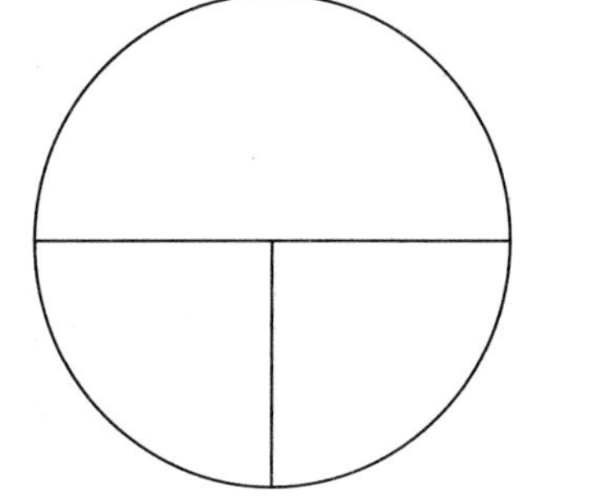

6．時速1600kmの飛行機で、3時間30分かかって目的地に着きました。
この飛行機は何km飛んだのでしょうか。

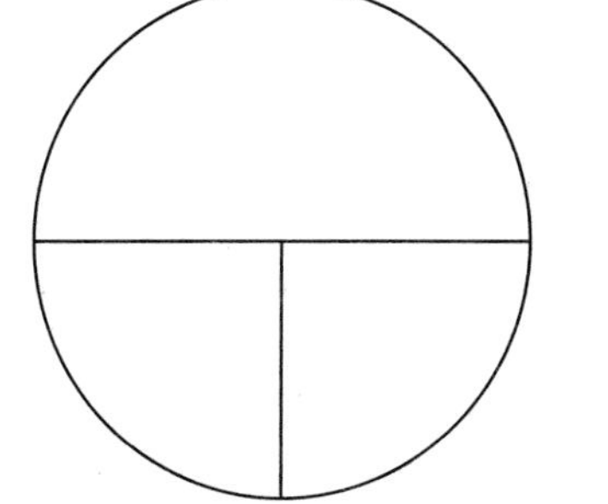

T図を使って ④

名前

1．時速72kmで高速道路を1.2時間走って、サービスエリアに着きました。走行きょりは何kmでしょうか。

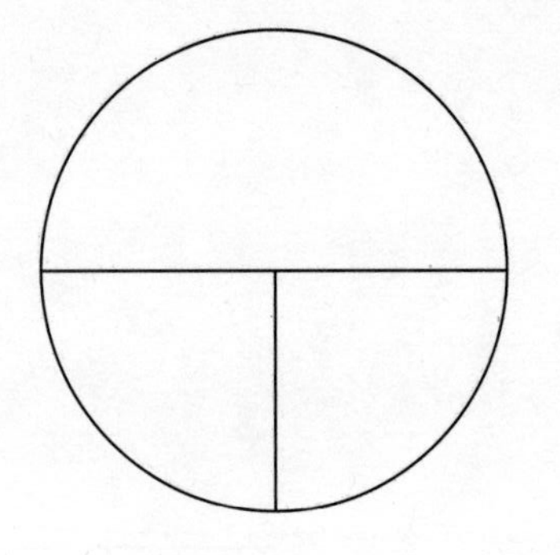

2．高速道路を時速80kmで走る自動車は、240kmを何時間で走るでしょうか。

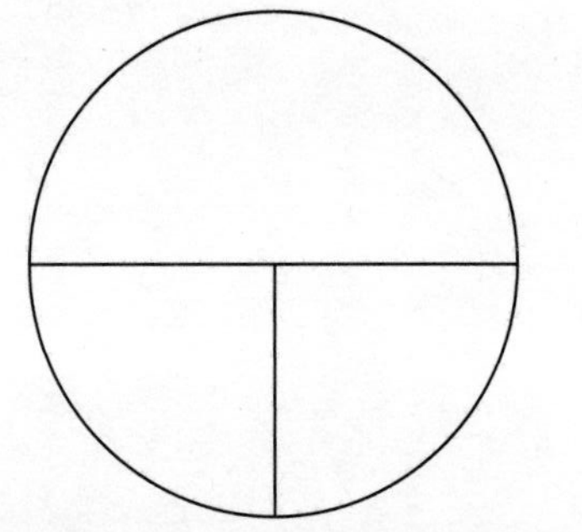

3．かたつむりは分速0.8m進みます。
10m進むのに何分かかるでしょうか。

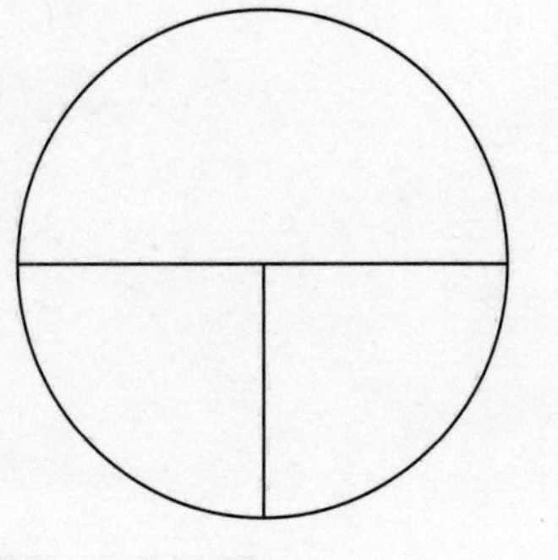

4．5分で4.5kmのきょりを往復したハトの分速を求めましょう。

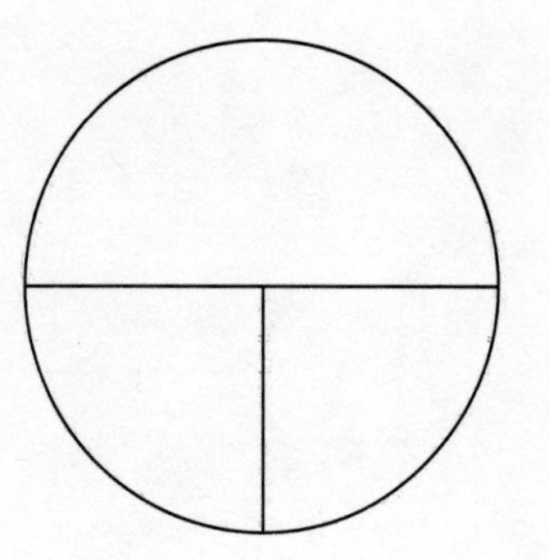

5．時速450kmの小型飛行機は、1440km飛ぶのに何時間かかるでしょうか。

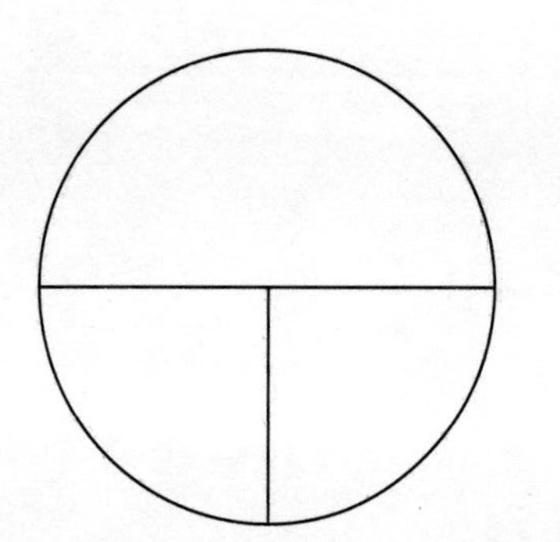

6．キャンプ場までの324kmを、車で6時間かけて行きました。
この車の時速を求めましょう。

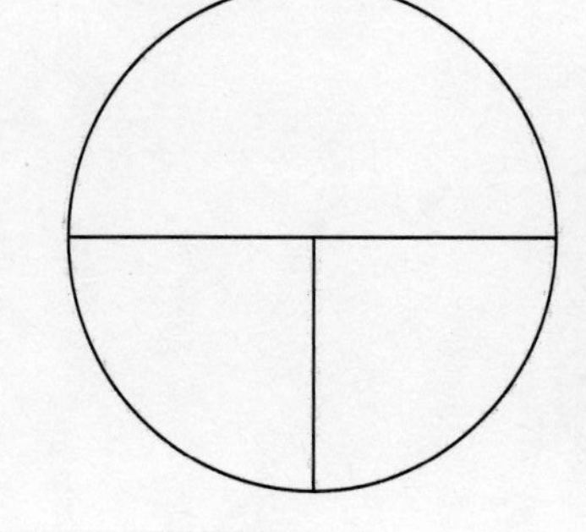

14 T図を使って ⑤

名前＿＿＿＿＿＿＿＿

1．1周1.5kmのコースを、分速240mで2周しました。何分かかるでしょうか。

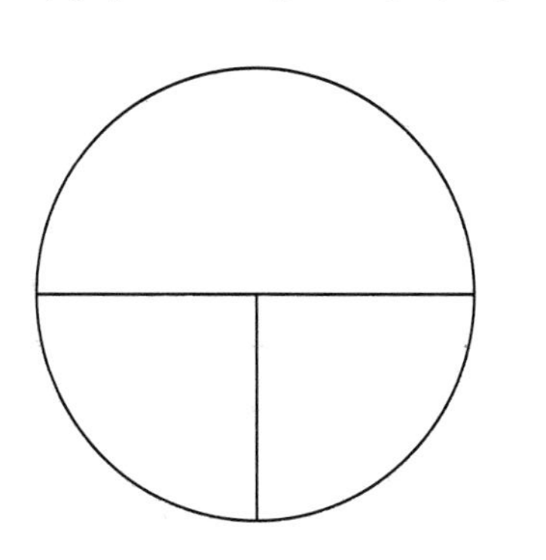

＿＿＿＿＿

2．かたつむりは12m進むのに15分かかりました。かたつむりの分速は何mでしょうか。

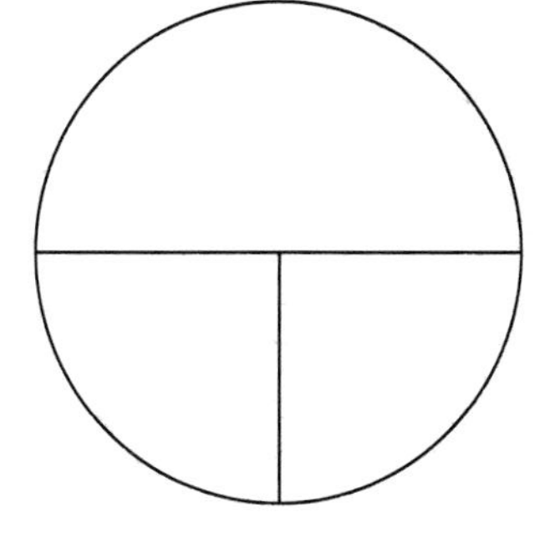

＿＿＿＿＿

3．時速1200kmの飛行機で、5400km先の目的地に着くのには、何時間かかるでしょうか。

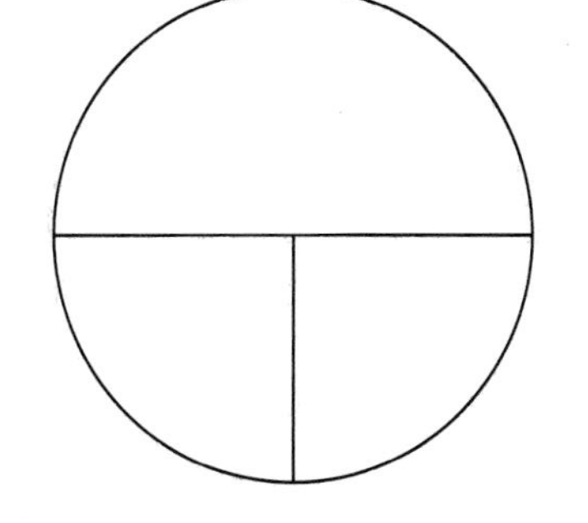

＿＿＿＿＿

4．かみなりが光ってから6秒後に音を聞きました。かみなりは何mはなれたところで光ったのでしょうか。音の秒速は340mです。

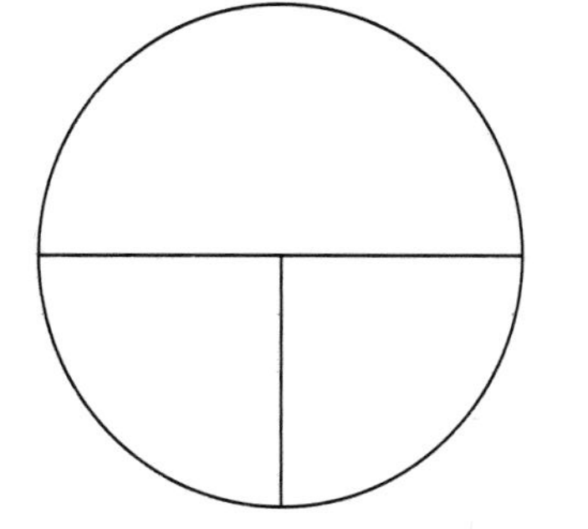

＿＿＿＿＿

5．モノレールが、3kmの区間を5分で走りました。このモノレールの時速を求めましょう。

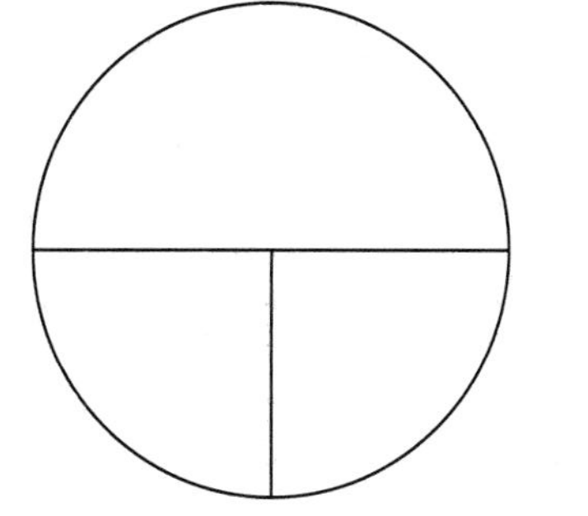

＿＿＿＿＿

6．船底から音を出すと、8秒後に海底にあたって船底までもどってきました。船底から海底まで何kmでしょうか。（水中での音の速さは秒速1.5kmです。）

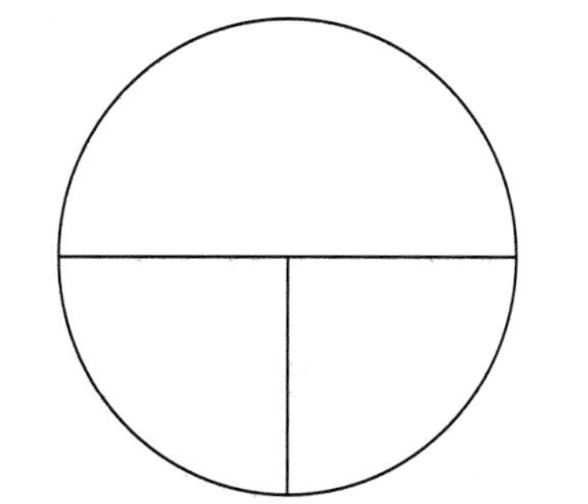

＿＿＿＿＿

速さのまとめテスト 1

名前

1．表のあいているところを求めましょう。（1、2とも各5点）

	秒　速	分　速	時　速
自転車	m	m	18km
自動車	20m	km	km
電　車	m	1.8km	km
飛行機	m	km	1080km

（計　算）

2．次の速さ、きょり、時間を求めましょう。

① 時速60kmで90km進む時間は？（□時間）

② 分速75mで、40分歩くきょりは？（□m）

③ 7分で5.6km走る馬の分速は？（□km／分）

④ 秒速18mで3.6km進む時間は？（□秒）

3．プロ野球の試合で、ある投手が時速156kmのボールを投げました。分速は何kmになるでしょうか。（文章題は1問10点）

4．音の速さは秒速340mです。かみなりが光って7秒後に音が聞こえました。何mはなれたところで光ったのでしょうか。

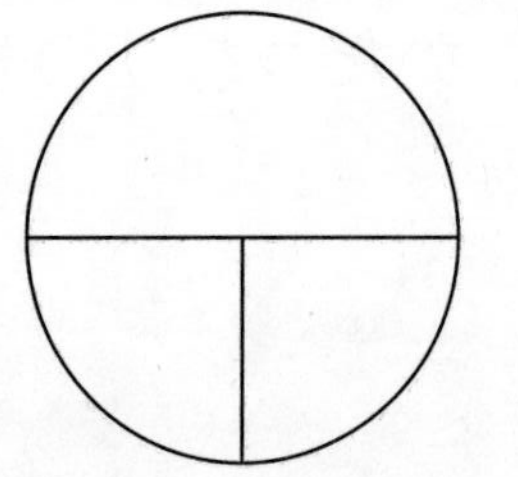

5．台風は時速45kmで四国の南東360kmの海上を、四国に向かって進んでいます。このまま四国に向かうと、何時間後に四国にくるでしょうか。

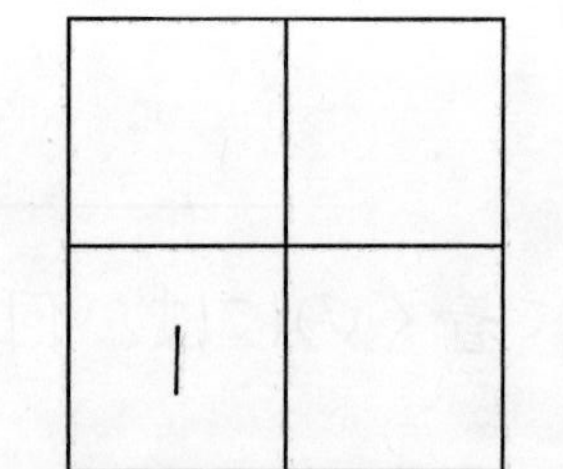

6．1時間で5100枚印刷する印刷機は、1分間に何枚印刷するでしょうか。

速さのまとめテスト ②

名前＿＿＿＿＿＿＿＿

1．表のあいているところを求めましょう。（1、2とも各5点）

	時　速	分　速	秒　速
ロケット	km	km	8km
ジェット機	km	15.6km	m
ハ　ト	108km	km	m
テニスのサーブ	km	km	55m

2．次の速さ、きょり、時間を求めましょう。

① 280mを35秒で走ると、秒速は？（□m/秒）

② 分速55mで40分歩いたきょりは？（□m）

③ 時速75kmで300km走った時間は？（□時間）

④ 4.5分で207m進んだときの分速は？（□m/分）

（計　算）

3．1分間に15個のおにぎりをつくります。180個のおにぎりをつくるには、何分かかるでしょうか。（文章題は1問10点）

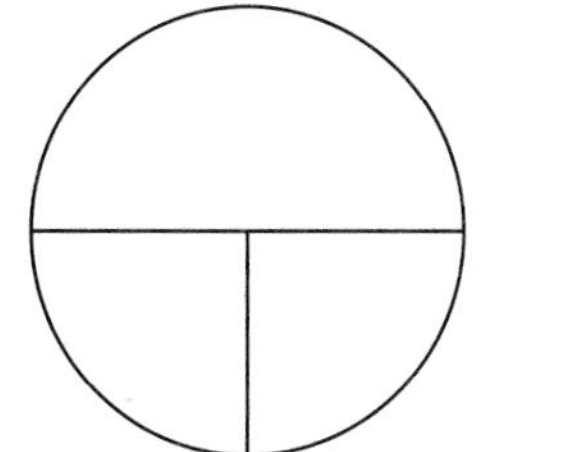

4．時速4.2kmで走っている松田さんと、分速72mで走っている梅田さんとどちらが速いでしょうか。

5．240L入る水そうに、水道から1分間に20Lの水を入れます。何分でいっぱいになるでしょうか。

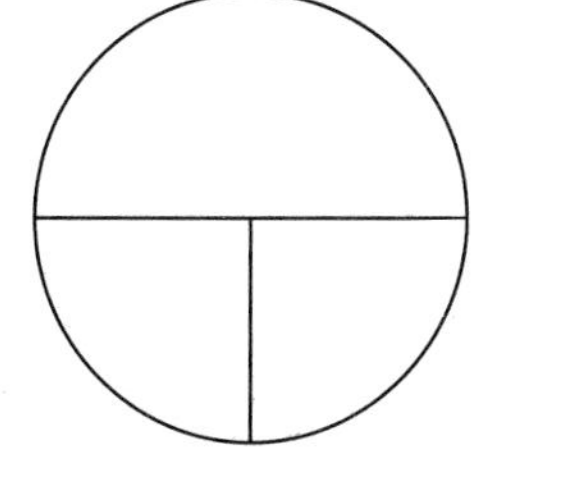

6．1周720mのコースを、オートバイは1分で走りました。オートバイの秒速を求めましょう。

速さのまとめテスト ③

名前

1. 表のあいているところを求めましょう。（1、2とも各5点）

	時　速	分　速	秒　速
レーシングカー	km	m	60m
マグロ	km	0.9km	m
のぞみ号	240km	km	約　m（小数第1位四捨五入）
旅客機	km	15km	m

（計　算）

2. 次の速さ、きょり、時間を求めましょう。

① 時速45kmで81km進むのにかかる時間は？

② 秒速5mで2時間走ったきょりは？

③ 20分で15km進む魚の分速は？

④ 秒速24mで3km進むのにかかる時間は？

3. 302L入る水そうに水を入れると20分かかりました。
1分間に何Lの水を入れたことになるのでしょうか。（文章題は1問10点）

4. 時速48kmの自動車が、20分走ると、何km進むでしょうか。
（時速を分速になおしてから計算しましょう。）

5. 分速500kmのロケットで月までのきょり380000kmを飛ぶと、何分かかるでしょうか。

6. 船底から音を出すと、海底ではねかえって12秒後に船底にとどきました。海底まで何kmあるでしょうか。音は海中では秒速1.5kmです。

速さの応用問題（旅人算）①

名前

旅人算

速さの違う2つ以上のものが、はなれたり、出合ったり、追いついたりするときに、かかる時間や動いた道のり（きょり）などを求める問題です。

旅人算の公式

A 速さのたし算

①はなれる

②出合う

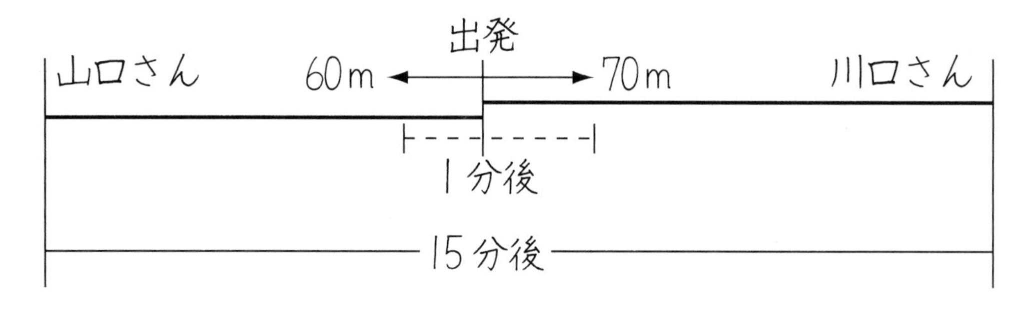

A へだたり B
1分後
□分後

B 速さのひき算

①はなれる

②追いつく

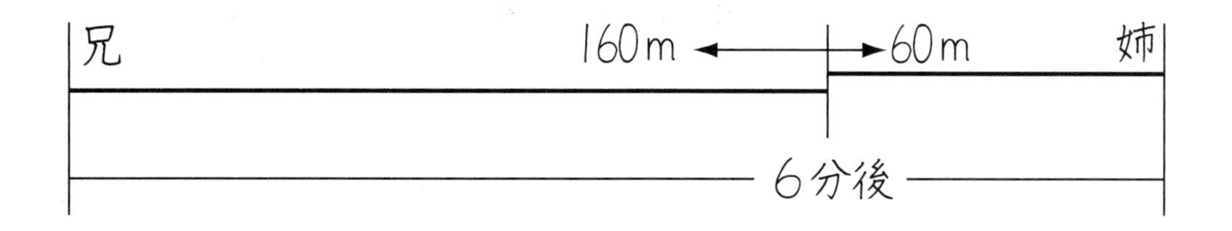

1分後 2分後 □分後
A B へだたり

A 速さのたし算①（はなれる）

1．山口さんは分速60m、川口さんは分速70mで同じ場所を同時に出発して、反対方向に歩きます。15分後、2人は何mはなれているでしょか。

出発
山口さん 60m 70m 川口さん
1分後
15分後

① 1分後に2人は何mはなれるでしょうか。

② 15分後に2人は何mはなれるでしょうか。

2．兄は東の本屋へ、姉は西の薬屋へ同時に出かけました。兄はランニングで毎分160mの速さで、姉は歩いて毎分60mの速さで進みます。6分後、2人は何mはなれていますか。

兄 160m 60m 姉
6分後

速さの応用問題（旅人算）②

名前

1．梅田さんと松田さんの２人が同じ場所から、反対方向に歩き出しました。梅田さんは毎分70ｍで、松田さんは毎分60ｍです。20分後に２人は何ｍはなれているでしょうか。

2．野田さんと竹田さんの２人が同じ場所から、反対方向に歩き出しました。野田さんは毎分80ｍで、竹田さんは毎分50ｍです。40分後に２人は何ｍはなれているでしょうか。

3．普通電車と特急電車が、反対方向に向かって走り出しました。普通電車は分速900ｍで、特急電車は時速96kmです。
２時間後に何kmはなれているでしょうか。

4．桜田さんと山野さんは、同じ場所から反対方向に向かって歩き出しました。桜田さんは分速70ｍで、山野さんは分速60ｍです。２人が910ｍはなれるのは歩き出してから何分後でしょうか。

5．森山さんと古川さんは、同じ場所から反対方向に向かって走り出しました。森山さんは秒速５ｍで、古川さんは秒速４ｍです。２人が4.5kmはなれるのは走り出してから何分何秒後でしょうか。

6．普通電車と特急電車が、今反対方向に向かって走り出しました。普通電車は分速900ｍで、特急電車は時速96kmです。２つの電車が450kmはなれるのは何時間後でしょうか。

3 速さの応用問題（旅人算）③

名前

A 速さのたし算②（出会う）

1．春野さんは時速5km、秋山さんは時速4kmの速さで27kmはなれたところから同時に向かい合って歩き出しました。2人は何時間後に出会うでしょうか。

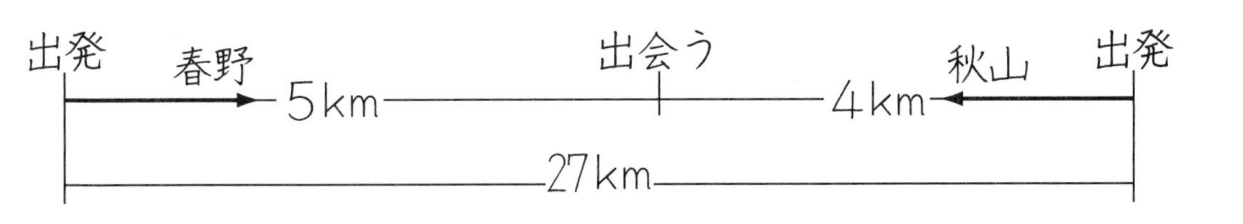

① 1時間に2人はどれだけ近づくでしょうか。

② 何時間後に出会うでしょうか。

2．谷川さんは分速60m、水野さんは分速80mで4.2kmはなれたところから同時に向かい合って歩き出しました。2人は何分後に出会うでしょうか。

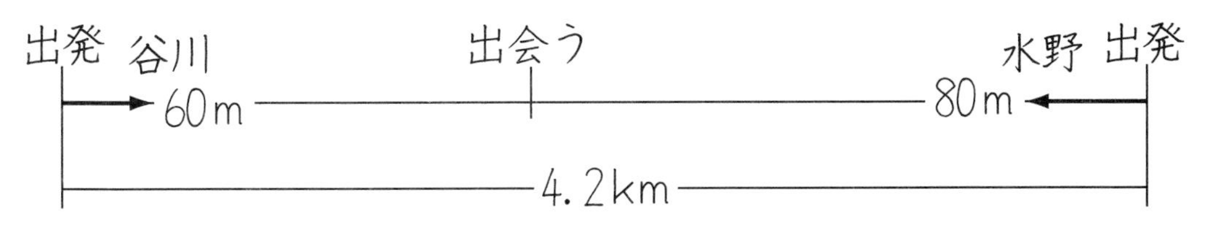

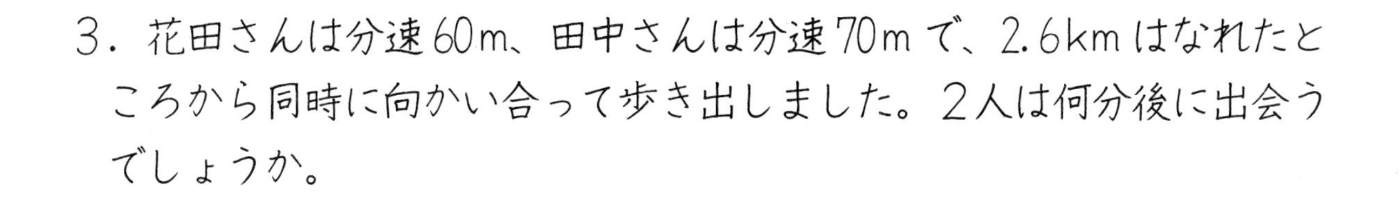

3．花田さんは分速60m、田中さんは分速70mで、2.6kmはなれたところから同時に向かい合って歩き出しました。2人は何分後に出会うでしょうか。

4．大林さんと大森さんが7kmはなれたところから、同時に向かい合って歩き出しました。大林さんは分速75m、大森さんは分速65mです。2人は何分後に出会うでしょうか。

5．周囲3kmの池の周りを、分速80mの小谷さんと、分速70mの小林さんが、同時に同じ場所から反対方向に歩き出しました。何分後に出会うでしょうか。

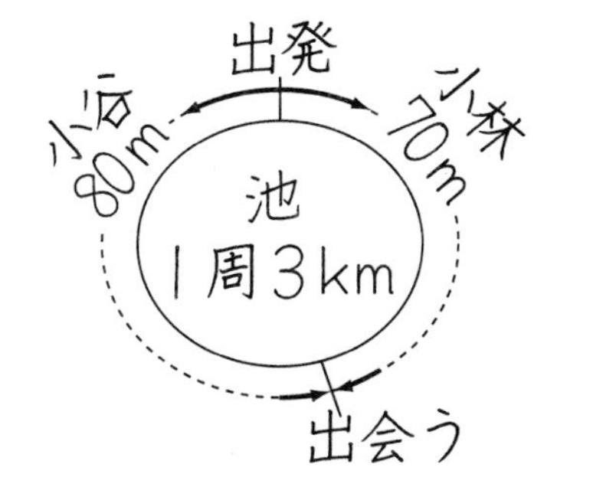

速さの応用問題（旅人算）④

名前＿＿＿＿＿＿＿＿

1．8.1kmはなれたところから、大島さんは毎分300m、小野さんは毎分240mで向かい合って同時に走り出しました。2人が出会うのは何分後でしょうか。

＿＿＿＿＿

2．小島さんは分速60m、大野さんは分速70mで、3.9kmはなれたところから同時に向かい合って歩き出します。2人は何分後に出会うでしょうか。

＿＿＿＿＿

3．前田さんと木村さんは6kmはなれたところから、向かい合って歩き出しました。前田さんは分速55m、木村さんは分速65mです。2人は何分後に出会うでしょうか。

＿＿＿＿＿

4．川口駅と山口駅の間は50kmです。川口駅から時速40kmの電車が、山口駅からは時速60kmの電車が、両駅から向かい合って同時に発車しました。何分後に出合うでしょうか。

＿＿＿＿＿

5．1周3kmの遊歩道があります。この遊歩道の同じところから兄は分速70mで弟は分速50mで、同時に反対方向に歩き出すと、何分後に出会うでしょうか。

＿＿＿＿＿

6．公園の周囲が1240mあります。この周りを分速60mの春野さんが出発してから4分後に、同じところから反対方向に分速40mの夏木さんが歩き出しました。2人は、春野さんが出発してから何分後に出会うでしょうか。

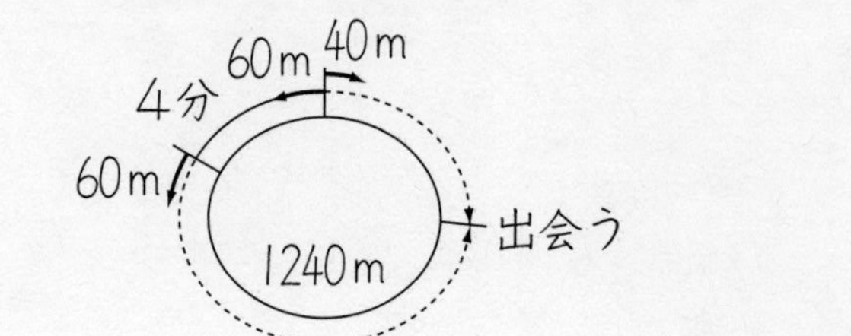

＿＿＿＿＿

5 速さの応用問題（旅人算）⑤

名前

B 速さのひき算①（はなれる）

1．姉は毎分60m、妹は毎分40mで歩きます。この2人が同時に同じところを出発して同じ方向に進むと、15分後には、2人は何mはなれるでしょうか。

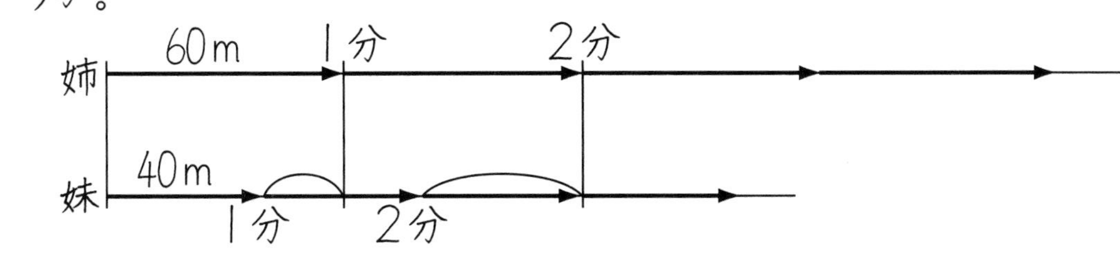

① 1分で2人は何mはなれるでしょうか。

② 15分後には何mはなれるでしょうか。

2．同じところから同時に同じ方向に、兄は分速80mで歩き、弟は分速65mで歩くと、5分後には2人は何mはなれるでしょうか。

3．兄は分速70mで、弟は分速50mで、同時に同じ方向に歩き出しました。25分後には何mはなれるでしょうか。

4．兄は時速5kmで、弟は時速4kmで歩きます。2人が同時に同じ方向に向かってハイキングに出発しました。2時間後に2人は何kmはなれるでしょうか。

5．姉と妹が同時に家を出て、1200m先の公園に向かいました。姉は毎分60m、妹は毎分50mで歩きます。姉が公園に着いたとき、妹は何m後ろにいるでしょうか。

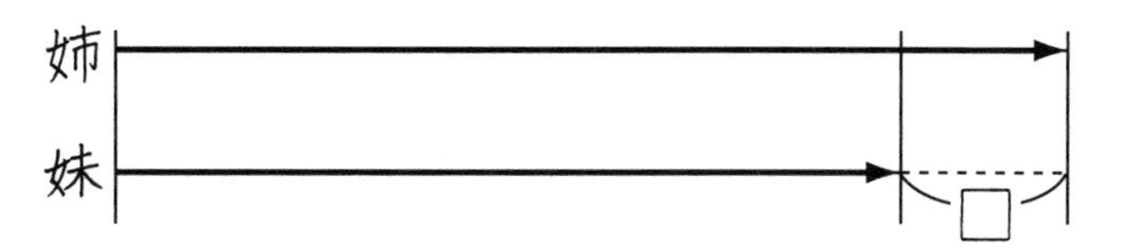

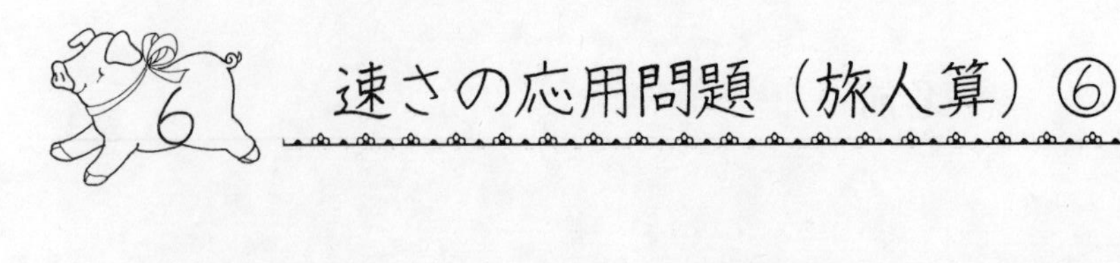

速さの応用問題（旅人算）⑥

名前

1．兄は時速4.5kmで、弟は時速4kmで歩きます。2人が同時に同じ方向に向かってハイキングに出発しました。3時間後に2人は何kmはなれるでしょうか。

2．大原さんと川島さんが同じところから同じ方向に歩き出しました。大原さんは分速65mで、川島さんは分速45mです。2人が180mはなれるのは、歩き出してから何分後でしょうか。

3．2.4kmのコースを、姉と妹が同時に同方向にジョギングをスタートしました。姉は分速200m、妹は分速170mです。姉が2.4km走り終わったときに、妹は残り何mだったでしょうか。

4．兄は分速300mで走り、姉は分速60mで歩きます。3km先の公園に向かって同じところから同時に出発しました。兄が公園に着いたとき、姉は公園まで何mのところにいるでしょうか。

5．高速道路を時速70kmで観光バスが走ります。バスが出発して1時間後に、乗用車が時速80kmで同じ方向へ出発しました。乗用車が出発してから5時間後に、乗用車はバスの何km後ろを走っているでしょうか。

6．谷口さんは分速80m、細川さんは分速65mで同時に学校を出て駅に向かいました。谷口さんが駅に着いたとき、細川さんは駅まであと150mのところにいました。学校から駅までは何mでしょうか。

7 速さの応用問題（旅人算）⑦

名前

B　速さのひき算②（追いつく）

1．姉は分速60m、妹は分速50mで歩きます。妹が家を出てから5分後に姉が家を出ました。姉が出てから何分後に追いつくでしょうか。

① 姉が家を出るとき、妹は何m先にいるのでしょうか。

② 1分間で何m追いつくでしょうか。

③ 姉が妹に追いつくまで何分かかるでしょうか。

2．弟は毎分60mの速さで家を出ました。兄はその7分後、分速100mで弟を追いかけました。兄が出発してから何分後に追いつきますか。

3．弟は毎分60mの速さで家を出ました。兄はその5分後、分速160mで走って弟を追いかけました。兄が出発してから何分後に追いつきますか。また、そこは、家から何mのところでしょうか。

4．妹が分速65mの速さで家を出ました。8分後、姉は妹の忘れ物をもって、走って追いかけました。姉は分速105mです。姉が出発してから何分後に追いつくでしょうか。また、そこは、家から何mのところでしょうか。

5．時速55kmで出発したトラックを、2時間後に時速75kmのオートバイが追いかけます。オートバイが出発してから何時間後に追いつくでしょうか。また、オートバイは何km走ったでしょうか。

8 速さの応用問題（旅人算）⑧

名前

1．弟は自転車で旅行に行きました。4時間後、兄が忘れものに気づいてすぐにバイクで追いかけました。弟は時速15kmで、兄は時速45kmで走っています。兄が出発してから何時間後に追いつくでしょうか。

2．兄弟でマラソンをすることになりました。弟が7分先に出発してその後、兄が追いかけました。弟は分速240mで、兄は分速320mです。兄が出発してから何分後に追いつくでしょうか。

3．姉は自動車で、兄はオートバイで旅行に出ます。姉が時速60kmで出発して1.2時間後に、兄は時速90kmで追いかけていきました。追いつくまで、おたがいに走り続けます。兄が出発してから何時間後に追いつくでしょうか。

4．1周1600mの池があります。姉は分速65mで、妹は分速60mで走ります。妹が出発して2分後に姉が出発しました。姉が出発してから何分後に追いつくでしょうか。また、そこから出発地点までは残り何mでしょうか。

5．1周500mの池の周囲を、兄は分速80m、弟は分速70mで同方向へ進むと、次は何分後に並ぶでしょうか。（1周分500mを追いつくと考えます。）

6．春山さんと夏川さんは、1周600mの池の周囲を同じ方向に進みます。春山さんは分速100mで、夏川さんは分速60mで進みました。2人が2回目に並ぶのは何分後でしょうか。

人口密度（じんこうみつど） ①

名前 ＿＿＿＿＿＿＿＿＿＿

人口密度は、面積 $1km^2$ あたりの人口で表します。

人口 ÷ 面積 ＝ 人口密度（人／km^2）

近畿（き）地方の府県の人口密度を求めてみましょう。（2002 年）

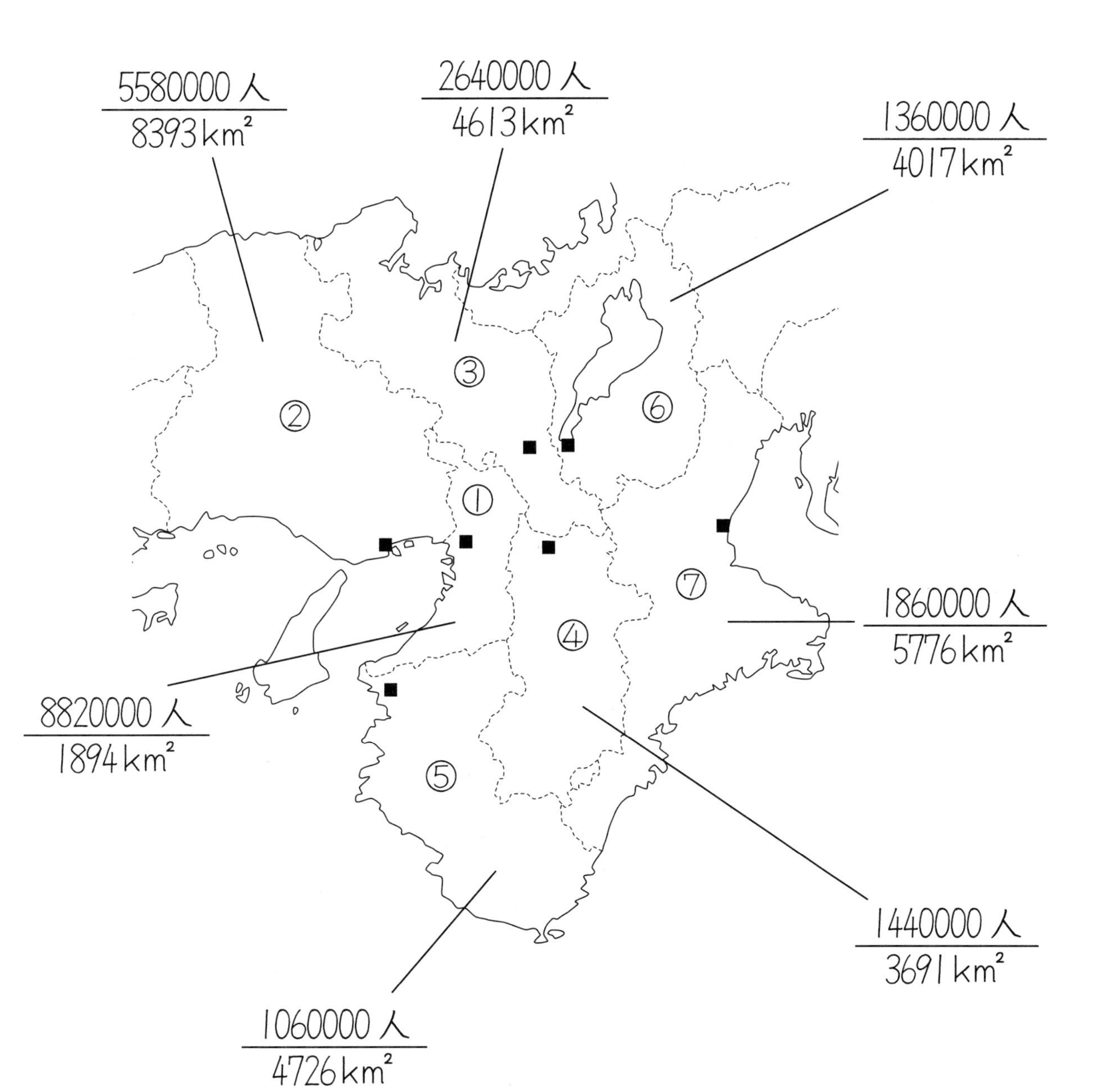

②の兵庫県の人口密度を求めてみましょう。

左の表から人口は 5580000 人です。面積は $8393km^2$ です。

この数字を使って 5580000 ÷ 8393 としてもよいですが、人口も面積もおよその数になっています。だから思いきって、上から２けたの概数で求めることにしましょう。

5580000 人　$8393km^2$

↓　↓

5600000 ÷ 8400 ＝ 666…

＝ 670（人／km^2）

兵庫県の人口密度は、約 670 人／km^2 です。

同じようにして①③④⑤⑥⑦の人口密度を求めましょう。（電卓使用）

① （おおさか）　約＿＿＿＿＿＿

③ （きょうと）　＿＿＿＿＿＿

④ （なら）　＿＿＿＿＿＿

⑤ （わかやま）　＿＿＿＿＿＿

⑥ （しが）　＿＿＿＿＿＿

⑦ （みえ）　＿＿＿＿＿＿

人口密度 ②

名前

左の①～⑩は北海道をのぞいて、面積の大きい順で、右の①～⑩は面積の小さい順です。
◯は県名を、□に人口密度をかきましょう。(上から2けたの概数にする。電卓使用)

$\frac{人口（人）}{面積（km^2）}$

① 1 $\frac{1400000}{15000}$

② 2 $\frac{2100000}{14000}$

③ 3 $\frac{2200000}{14000}$

④ 4 $\frac{2500000}{13000}$

⑤ 5 $\frac{1200000}{12000}$

⑥ 6 $\frac{2100000}{11000}$

⑦ 7 $\frac{1500000}{9600}$

⑧ 8 $\frac{1200000}{9300}$

⑨ 9 $\frac{1800000}{9200}$

⑩ 10 $\frac{2900000}{8500}$

① 1 $\frac{1000000}{1900}$

② 2 $\frac{8800000}{1900}$

③ 3 $\frac{12000000}{2200}$

④ 4 $\frac{1300000}{2300}$

⑤ 5 $\frac{8600000}{2400}$

⑥ 6 $\frac{870000}{2400}$

⑦ 7 $\frac{610000}{3500}$

⑧ 8 $\frac{1400000}{3700}$

⑨ 9 $\frac{7000000}{3800}$

⑩ 10 $\frac{1400000}{4000}$

答　え

P. 3

1. ①　8 + 4 + 9 + 3 = 24
　　24 ÷ 4 = 6　　24dL　6dL
② 5.2 + 1.7 + 3 = 9.9
　　9.9 ÷ 3 = 3.3　　9.9kg　3.3kg
③ 22 + 31 + 15 + 22 = 90
　　90 ÷ 4 = 22.5　　90g　22.5g
④ 42 + 30 + 39 + 45 + 34 = 190
　　190 ÷ 5 = 38　　190人　38人

2. ①　6 + 6 + 10 + 4 + 4 = 30
　　30 ÷ 5 = 6　　6
② 7 + 4 + 5 + 6 + 5 + 9 = 36
　　36 ÷ 6 = 6　　6
③ 86 + 94 + 88 + 92 = 360
　　360 ÷ 4 = 90　　90点
④ 54 + 64 + 59 + 56 + 53 + 62 = 348
　　348 ÷ 6 = 58　　58g

P. 4

1. ①　12 + 8 + 16.3 = 36.3
　　36.3 ÷ 3 = 12.1　　12.1kg
② 20.4 + 12.8 + 16.6 + 18.2 = 68
　　68 ÷ 4 = 17　　17m
③ 1.2 + 4.2 + 3.8 + 4.5 + 0.8 = 14.5
　　14.5 ÷ 5 = 2.9　　2.9L
④ 54 + 58 + 56 + 60 + 53 + 61 = 342
　　342 ÷ 6 = 57　　57g

2. ①　83 + 88 + 97 + 96 = 364
　　364 ÷ 4 = 91　　91
② 9.4 + 11 + 9.3 = 29.7
　　29.7 ÷ 3 = 9.9　　9.9
③ 82 + 90 + 85 + 99 = 356
　　356 ÷ 4 = 89　　89g
④ 4 + 3.7 + 4.2 + 4.5 = 16.4
　　16.4 ÷ 4 = 4.1　　4.1km

P. 5

1. 97 + 100 + 93 + 100 + 100 = 490
　490 ÷ 5 = 98　　98点
2. 133 + 134 + 131 + 130 = 528
　528 ÷ 4 = 132　　132歩
3. 14 + 14 + 18 + 17 + 12 = 75
　75 ÷ 5 = 15　　15kg
4. 54 + 49 + 57 + 40 = 200
　200 ÷ 4 = 50　　50点
5. 115 + 132 + 124 + 136 + 163 = 670
　670 ÷ 5 = 134　　134kg
6. 27.3 + 24.8 + 27.4 + 25.3 + 26.2 = 131
　131 ÷ 5 = 26.2　　26.2kg

P. 6

1. 56 + 59 + 60 + 58 + 57 = 290
　290 ÷ 5 = 58　　58cm
2. 6.6 + 6.7 + 6.8 + 6.6 + 6.8 = 33.5
　33.5 ÷ 5 = 6.7(m)
　670 ÷ 10 = 67　　67cm
3. 92 + 97 + 91 + 92 + 98 = 470
　470 ÷ 5 = 94　　94cm
4. 30.4 + 35.4 + 34.2 + 36.5 + 31.0 = 167.5
　167.5 ÷ 5 = 33.5　　33.5kg
5. 21.4 + 19.8 + 23.5 + 20.2 + 22.6 = 107.5
　107.5 ÷ 5 = 21.5　　21.5m
6. 36.7 + 36.0 + 36.4 + 36.8 + 36.6 = 182.5
　182.5 ÷ 5 = 36.5　　36.5度

P. 7

1. 57 + 58 + 60 + 62 + 61 + 62 = 360
　360 ÷ 6 = 60　　60g
2. 90 + 85 + 95 + 90 = 360
　360 ÷ 4 = 90　　漢字90点
　100 + 80 + 100 + 96 = 376
　376 ÷ 4 = 94　　計算94点
3. 37 + 48 + 50 + 28 + 42 = 205
　205 ÷ 5 = 41　　41点
4. 2.6 × 2 + 2.9 + 3.1 = 11.2
　11.2 ÷ 4 = 2.8　　2.8m
5. 70 × 3 + 85 × 2 = 380
　380 ÷ 5 = 76　　76ページ
6. 86 × 4 + 96 = 440
　440 ÷ 5 = 88　　88点

P. 8

1. 3.3 + 2.8 + 3.4 + 3.8 + 4.2 = 17.5
　17.5 ÷ 5 = 3.5　　3.5km
2. 36.4 + 35.9 + 36.5 + 36.8 = 145.6
　145.6 ÷ 4 = 36.4　　36.4度
3. 4022 + 3946 + 4017 = 11985
　11985 ÷ 3 = 3995　　3995歩
4. ①　88 × 3 = 264　　264点
　②　90 × 4 = 360
　　360 − 264 = 96　　96点
5. 94 × 4 = 376
　95 × 5 = 475
　475 − 376 = 99　　99点

P.9

1. 34 × 2 = 68
   43.5 × 3 = 130.5
   130.5 − 68 = 62.5 　62.5kg
2. 189 × 3 = 567
   188.5 × 2 = 377
   567 − 377 = 190 　190cm
3. 35 × 3 = 105
   28 × 4 = 112
   (105 + 112) ÷ (3 + 4) = 31 　31人
4. 43 × 4 = 172
   172 + 48 = 220
   220 ÷ 5 = 44 　44人
5. 165 × 4 = 660
   1000 − 660 = 340 　340人
6. 3.05 × 4 = 12.2
   3.35 × 6 = 20.1
   (12.2 + 20.1) ÷ (4 + 6) = 3.23 　3.23m

P.10

1. 32 + 31 + 33 + 35 = 131
   33 × 5 = 165
   165 − 131 = 34 　34人
2. 92 + 98 + 100 + 90 = 380
   96 × 5 = 480
   480 − 380 = 100 　100点
3. 198 + 196 + 204 = 598
   197 × 4 = 788
   788 − 598 = 190 　190g
4. 80 + 80 + 60 = 220
   72 × 4 = 288
   288 − 220 = 68 　68ページ

5. 28 + 26 + 32 + 31 + 27 = 144
   29 × 6 = 174
   174 − 144 = 30 　30m^3
6. 80 + 95 + 90 + 75 = 340
   85 × 5 = 425 　425 − 340 = 85 　85g

P.12

1. 5 + 4 + 0 + 7 + 4 = 20
   20 ÷ 5 = 4 　4ひき
2. 4 + 0 + 3 + 6 + 7 = 20
   20 ÷ 5 = 4 　4点
3. 3.2 + 3.4 + 2.8 + 2.4 + 0 + 3.8 = 15.6
   15.6 ÷ 6 = 2.6 　2.6km
4. ① (6 + 0 + 8 + 2) ÷ 4 = 4 　4m
   ② (0 + 15.1 + 4.4) ÷ 3 = 6.5 　6.5kg
   ③ (9 + 0 + 9 + 0 + 9 + 0) ÷ 6 = 4.5 　4.5
   ④ (0 + 3 + 0 + 4 + 3 + 8) ÷ 6 = 3 　3
   ⑤ (3 + 3 + 3 + 7 + 7 + 7) ÷ 6 = 5 　5m
   ⑥ (4 + 2.8 + 0 + 0) ÷ 4 = 1.7 　1.7L

P.13

1. 12 + 2 + 0 + 6 = 20
   20 ÷ 4 = 5 　5ひき
2. 7 + 10 + 3 + 0 + 10 = 30
   30 ÷ 5 = 6 　6人
3. 35 + 15 + 40 + 0 + 20 + 10 = 120
   120 ÷ 6 = 20 　20点
4. ① 834 + 0 + 0 + 625 + 752 + 981 + 1057 = 4249 　4249人
   ② 4249 ÷ 7 = 607 　607人
5. ① 380 + 660 = 1040 　1040円
   ② 1040 ÷ 4 = 260 　260円

P.14

1. ① Aグループ 217m 　Bグループ 244m
   ② Aグループ 31m 　Bグループ 30.5m
   ③ Aグループ
2. ① 春野チーム 1110cm 　秋野チーム 1107cm
   ② 春野チーム 185cm 　秋野チーム 184.5cm
   ③ 春野チーム

P.15

1. 28 + 29 + 33 + 35 + 38 + 41 = 204
   204 ÷ 6 = 34 　34m^3
2. 34 × 12 = 408 　408m^3
3. ① 180 + 170 + 190 + 180 + 200 = 920
   920 ÷ 5 = 184→180 　180g
   ② 180 × 50 = 9000(g) = 9 (kg) 　9kg
4. ① 1300 + 1600 + 2700 + 1000 + 3300 + 4900 + 6000
   = 20800→21000
   21000 ÷ 7 = 3000 　①約3000人
   ② 3000 × 30 = 90000 　②約90000人
5. 140 + 140 + 140 + 150 + 150 = 720
   720 ÷ 5 = 144→140 　約140個
   140 × 30 = 4200 　約4200個

P.16

せんだい 11.9° 　にいがた 13.2° 　とうきょう 15.6°
おおさか 16.3° 　なは 22.4°

P.18

1. ① 5 + 11 + 9 + 10 + 2 + 1 = 38 　38人
   ② | 0 | 11 | 18 | 30 | 8 | 5 |
   ③ 0 + 11 + 18 + 30 + 8 + 5 = 72 　72本
   ④ 72 ÷ 38 = $1.\overset{9}{8}9$ 　1.9本

2. ① 2 + 3 + 2 + 1 = 8 　8人
② | 20 | 27 | 16 | 7 |
③ 20 + 27 + 16 + 7 = 70 　70点
④ 70 ÷ 8 = 8.75 　8.8点

3. 2.7 × 3 = 8.1
2.9 × 2 = 5.8
8.1 + 5.8 + 3.1 + 2.8 = 19.8
19.8 ÷ (3 + 2 + 1 + 1) = 2.82… 　2.8m

P.19

1. 85 × 3 = 255
70 × 2 = 140
255 + 140 = 395
395 ÷ (3 + 2) = 79 　79ページ

2. 95 × 3 = 285
90 × 4 = 360
285 + 360 + 100 = 745
745 ÷ (3 + 4 + 1) = 93.12… 　93.1点

3. 8.5 × 3 = 25.5
8.2 × 2 = 16.4
25.5 + 16.4 + 8 + 8.6 = 58.5
58.5 ÷ (3 + 2 + 1 + 1) = 8.35… 　8.4秒

4. 65 × 16 = 1040
70 × 14 = 980
1040 + 980 = 2020
2020 ÷ (16 + 14) = 67.33… 　67.3点

5. 32 × 4 = 128
38 × 3 = 114
128 + 114 = 242
242 ÷ (4 + 3) = 34.57… 　34.6人

6. 20.1 × 35 = 703.5
18.5 × 20 = 370
703.5 + 370 = 1073.5
1073.5 ÷ (35 + 20) = 19.51… 　19.5m

P.20

1. 92 × 6 = 552
93 × 7 = 651
651 − 552 = 99 　99点

2. 47 × 4 = 188
188 + 42 = 230
230 ÷ 5 = 46 　46人

3. 190 × 2 = 380
180 × 2 = 360
380 + 360 + 195 + 175 = 1110
1500 − 1110 = 390 　390人

4. 50 × 3 = 150
45 × 4 = 180
150 + 180 = 330
330 ÷ 7 = 47.1… 　47分

5. 75 × 4 = 300
76 × 2 = 152
152 + 71 = 223
300 − 223 = 77 　77点

6. 85 × 5 = 425
425 − 77 = 348
348 ÷ 4 = 87 　87点

P.21

1. 83 × 4 = 332
85 × 5 = 425
425 − 332 = 93 　93点

2. 147.3 × 4 = 589.2
146.2 × 5 = 731
731 − 589.2 = 141.8 　141.8cm

3. 7.5 × 4 = 30
(30 + 5) ÷ 5 = 7 　7点

4. 68.5 × 14 = 959
72.9 × 16 = 1166.4
959 + 1166.4 = 2125.4
2125.4 ÷ (14 + 16) = 70.84… 　70.8点

5. 29 × 32 = 928
29.5 × 16 = 472
928 − 472 = 456
456 ÷ (32 − 16) = 28.5 　28.5kg

6. 84 × 7 = 588
85 × (7 + 2) = 765
765 − 588 = 177 　177点

P.22

1. 78 × 10 = 780
75 × 15 = 1125
780 + 1125 = 1905
1905 ÷ 25 = 76.2 　76.2点

2. 84 × 2 = 168
85 × 4 = 340
340 − 168 = 172
172 ÷ 2 = 86 　86点

3. 83 × 2 = 166
84.5 × 4 = 338
338 − 166 = 172 　172点

4. 2 × 3 + 4 × 2 = 14
14 ÷ 5 = 2.8
80 + 2.8 = 82.8 　82.8点

5. 5 + 0 + 8 + 11 + 6 = 30
30 ÷ 5 = 6

70 + 6 = 76 76点

6．7 + 2 + 14 + 0 + 10 = 33

33 ÷ 5 = 6.6

83 + 6.6 = 89.6 89.6点

P.23

1．32.5 + 1.5 = 34

32.5 × 2 + 34 = 99

99 ÷ 3 = 33 33kg

別解　1.5 ÷ (2 + 1) = 0.5

32.5 + 0.5 = 33

2．136.5 + 2.1 = 138.6

136.5 × 2 + 138.6 = 411.6

411.6 ÷ 3 = 137.2 137.2cm

別解　2.1 ÷ (2 + 1) = 0.7

136.5 + 0.7 = 137.2

3．86 − 12 = 74

86 × 3 + 74 = 332

332 ÷ 4 = 83 83点

別解　12 ÷ 4 = 3

86 − 3 = 83

4．74 × 8 = 592

(74 + 2) × 12 = 912

592 + 912 = 1504

1504 ÷ (8 + 12) = 75.2 75.2点

別解　2 × 12 = 24

24 ÷ (8 + 12) = 1.2

74 + 1.2 = 75.2

5．75 × 12 = 900

(75 − 2) × 8 = 584

900 + 584 = 1484

1484 ÷ (12 + 8) = 74.2 74.2点

別解　2 × 8 = 16

16 ÷ (12 + 8) = 0.8

75 − 0.8 = 74.2

6．78 × 6 = 468

76.6 × 20 = 1532

1532 − 468 = 1064

1064 ÷ 14 = 76 76点

別解　78 − 76.6 = 1.4

1.4 × 20 = 28

28 ÷ 14 = 2

78 − 2 = 76

P.24

1．① 82 × 3 = 246 246点

② 80 × 2 = 160 160点

③ 85 × 2 = 170 170点

④ 246 − 160 = 86 86点

⑤ 246 − 170 = 76 76点

⑥ 246 − (86 + 76) = 84 84点

2．① 86 × 3 = 258 258点

② 87 × 2 = 174 174点

③ 81 × 2 = 162 162点

④ 258 − 174 = 84 84点

⑤ 258 − 162 = 96 96点

⑥ 258 − (84 + 96) = 78 78点

P.25

1．① (8 + 5 + 5) ÷ 3 = 6 6mL

② (4 + 8 + 6) ÷ 3 = 6 6L

③ (12 + 10 + 5) ÷ 3 = 9 9g

④ (12 × 3 + 4) ÷ 4 = 10 10g

⑤ (12 + 4 + 14 + 10) ÷ 4 = 10 10m

⑥ (6 × 2 + 4 × 2) ÷ 5 = 4 4

⑦ (7 + 4 + 5 × 2 + 9) ÷ 6 = 5 5

⑧ (19 + 15 + 18 + 21 + 17) ÷ 5 = 18 18

⑨ (86 + 94 + 88 + 96) ÷ 4 = 91 91点

⑩ (54 + 64 + 59 + 56 + 53 + 62) ÷ 6 = 58 58g

2．(77 + 42 + 69 + 64) ÷ 4 = 63 63ページ

3．(43 + 45 + 41) ÷ 3 = 43 43人

4．(30 + 45 + 25 + 50 + 35) ÷ 5 = 37 37分

5．(182 + 157 + 198) ÷ 3 = 179 179人

6．(2 + 3 + 2.5 + 3.5) ÷ 4 = 2.75 2.75km

P.26

1．① (12 + 8 + 7) ÷ 3 = 9 9

② (1.2 + 0.8 + 1.6) ÷ 3 = 1.2 1.2

③ (29 + 30 + 39) ÷ 4 = 24.5 24.5

④ (5 × 3 + 7) ÷ 4 = 5.5 5.5

⑤ (3.8 + 2.4 + 1.2 + 3) ÷ 4 = 2.6 2.6m

⑥ (4 + 6) ÷ 4 = 2.5 2.5L

⑦ (4.5 + 2 + 5.3 + 6 + 6.2) ÷ 5 = 4.8 4.8分

⑧ (78 + 97 + 86) ÷ 3 = 87 87人

⑨ (12 × 3 + 8 × 2) ÷ 5 = 10.4 10.4

⑩ (7.4 + 8 + 8.1 + 7.3) ÷ 4 = 7.7 7.7m²

2．(6500 + 6250 + 6700 + 6350) ÷ 4 = 6450 6450円

3．(50 + 49.1 + 48.6 + 47.6 + 48.2) ÷ 5 = 48.7 48.7g

4．70 × 3 = 210

85 × 2 = 170

210 + 170 = 380

380 ÷ (3 + 2) = 76 76ページ

5．34 × 2 = 68

43.5 × 3 = 130.5

130.5 − 68 = 62.5 62.5kg

6．85 × 2 = 170

90 × 3 = 270
270 − 170 = 100　100点

P.27

1．(2.6 × 2 + 2.9 + 3.1) ÷ 4 = 2.8　2.8m
2．95 × 5 = 475
94 × 4 = 376
475 − 376 = 99　99点
3．189 × 3 = 567
188.5 × 2 = 377
567 − 377 = 190　190cm
4．195 × 4 = 780
1000 − 780 = 220　220人
5．3.05 × 4 = 12.2
3.35 × 6 = 20.1
(12.2 + 20.1) ÷ 10 = 3.23　3.23m
6．(68 + 61 + 59 + 72) ÷ 4 = 65　65ページ
7．(30.4 + 35.4 + 34.2 + 36.5 + 31) ÷ 5 = 33.5　33.5kg
8．96 × 5 = 480
92 + 98 + 100 + 90 = 380
480 − 380 = 100　100点
9．(5.6 + 5.9 + 6 + 5.8 + 5.7) ÷ 5 = 5.8
5.8 ÷ 10 = 0.58(m) = 58(cm)　58cm
10．(6.6 + 6.7 + 6.8 + 6.6 + 6.8) ÷ 5 = 6.7
6.7 ÷ 10 = 0.67(m) = 67(cm)　67cm

P.28

1．(4.6 + 4.9 + 5.3 + 5.6 + 5 + 5.2) ÷ 6 = 5.1　5.1g
2．(100 + 92 + 83 + 97 + 88) ÷ 5 = 92　92点
3．(92 + 97 + 91 + 92 + 98) ÷ 5 = 94　94cm
4．(27.5 + 24.5 + 27 + 25.5 + 26.5) ÷ 5 = 26.2　26.2kg
5．92 + 96 + 91 + 87 = 366
93 × 5 = 465
465 − 366 = 99　99点
6．95 × 4 + 100 = 480
480 ÷ 5 = 96　96点
7．88 × 4 = 352
90 × 5 − 352 = 98　98点
8．45.2 × 3 = 135.6
41.8 × 2 = 83.6
135.6 − 83.6 = 52　52kg
9．(6 + 3 + 4 + 4) ÷ 5 = 3.4　3.4人
10．10 × 3 + 9 × 5 + 8 × 2 = 91
91 ÷ (3 + 5 + 2) = 9.1　9.1点

P.29

1．(183 + 188 + 181) ÷ 3 = 184　184歩
2．(11 + 9 + 13 + 10 + 12) ÷ 5 = 11　11g
3．(37 + 42 + 35) ÷ 3 = 38　38人
4．(29 + 36 + 45 + 30) ÷ 4 = 35　35ひき
5．(143 + 127 + 169 + 164 + 152) ÷ 5 = 151　151人
6．(4 + 3.5 + 3 + 3.5 + 4) ÷ 5 = 3.6　3.6km
7．93 + 91 + 87 + 95 = 366
90 × 5 − 366 = 84　84点
8．95 × 5 = 475
475 − (90 + 98 + 92 + 100) = 95　95点
9．30 × 2 + 32 × 2 + 28 + 34 = 186
186 ÷ 6 = 31　31人
10．304 × 4 = 1216
(1216 + 294) ÷ 5 = 302　302g

P.31

1．さくら　215 ÷ 5 = 43　43人
やよい　220 ÷ 5 = 44　44人
つつじ　180 ÷ 4 = 45　45人
さつき　168 ÷ 4 = 42　42人
1．つつじ　2．やよい　3．さくら　4．さつき
2．51 ÷ 60 = 0.85
64 ÷ 80 = 0.8　1号室0.85人　2号室0.8人　1号室
3．628 ÷ 8 = 78.5
405 ÷ 6 = 67.5　大阪行78.5人　京都行67.5人　大阪行

P.33

1．140 ÷ 4 = 35　35g／m
2．□kg／a　240kg　1　5a
240 ÷ 5 = 48　48kg／a
3．□kg／a　6.3kg　1　4.5a
6.3 ÷ 4.5 = 1.4　1.4kg／a
4．□円／m　4900円　1　3.5m
4900 ÷ 3.5 = 1400　1400円／m
5．□円／個　1000円　1　4個
1000 ÷ 4 = 250　250円／個
6．□円／m　1200円　1　15m
1200 ÷ 15 = 80　80円／m

P.34☆以下、図も式も単位ははぶきます。☆

1. □ / 4000 ; 1 / 10　$4000 \div 10 = 400$　400円／個

2. □ / 1200 ; 1 / 15　$1200 \div 15 = 80$　80g／個

3. □ / 140 ; 1 / 4　$140 \div 4 = 35$　35g／m

4. □ / 390 ; 1 / 6　$390 \div 6 = 65$　65kg／a

5. □ / 560 ; 1 / 8　$560 \div 8 = 70$　70kg／a

6. □ / 7.2 ; 1 / 4.5　$7.2 \div 4.5 = 1.6$　1.6kg／a

P.35

1. □ / 4900 ; 1 / 3.5　$4900 \div 3.5 = 1400$　1400円／m

2. □ / 1120 ; 1 / 14　$1120 \div 14 = 80$　80円／m

3. □ / 3150 ; 1 / 5　$3150 \div 5 = 630$　630円／kg

4. □ / 500 ; 1 / 25　$500 \div 25 = 20$　20本／m²

5. □ / 144 ; 1 / 24　$144 \div 24 = 6$　6個／m²

6. □ / 750 ; 1 / 15　$750 \div 15 = 50$　50g／m

P.37

1. $4.5 \times 3 = 13.5$　13.5dL

2. 6.5 / □ ; 1 / 720　$6.5 \times 720 = 4680$　4680m²

3. 250 / □ ; 1 / 220　$250 \times 220 = 55000$　55000万円

4. 120 / □ ; 1 / 8.4　$120 \times 8.4 = 1008$　1008kg

5. 12 / □ ; 1 / 35　$12 \times 35 = 420$　420枚

6. 350 / □ ; 1 / 34　$350 \times 34 = 11900$　11900円

P.38

1. 36 / □ ; 1 / 6.2　$36 \times 6.2 = 223.2$　223.2kg

2. 1500 / □ ; 1 / 4.8　$1500 \times 4.8 = 7200$　7200円

3. 1.3 / □ ; 1 / 8　$1.3 \times 8 = 10.4$　10.4kg

4. 180 / □ ; 1 / 38　$180 \times 38 = 6840$　6840mL

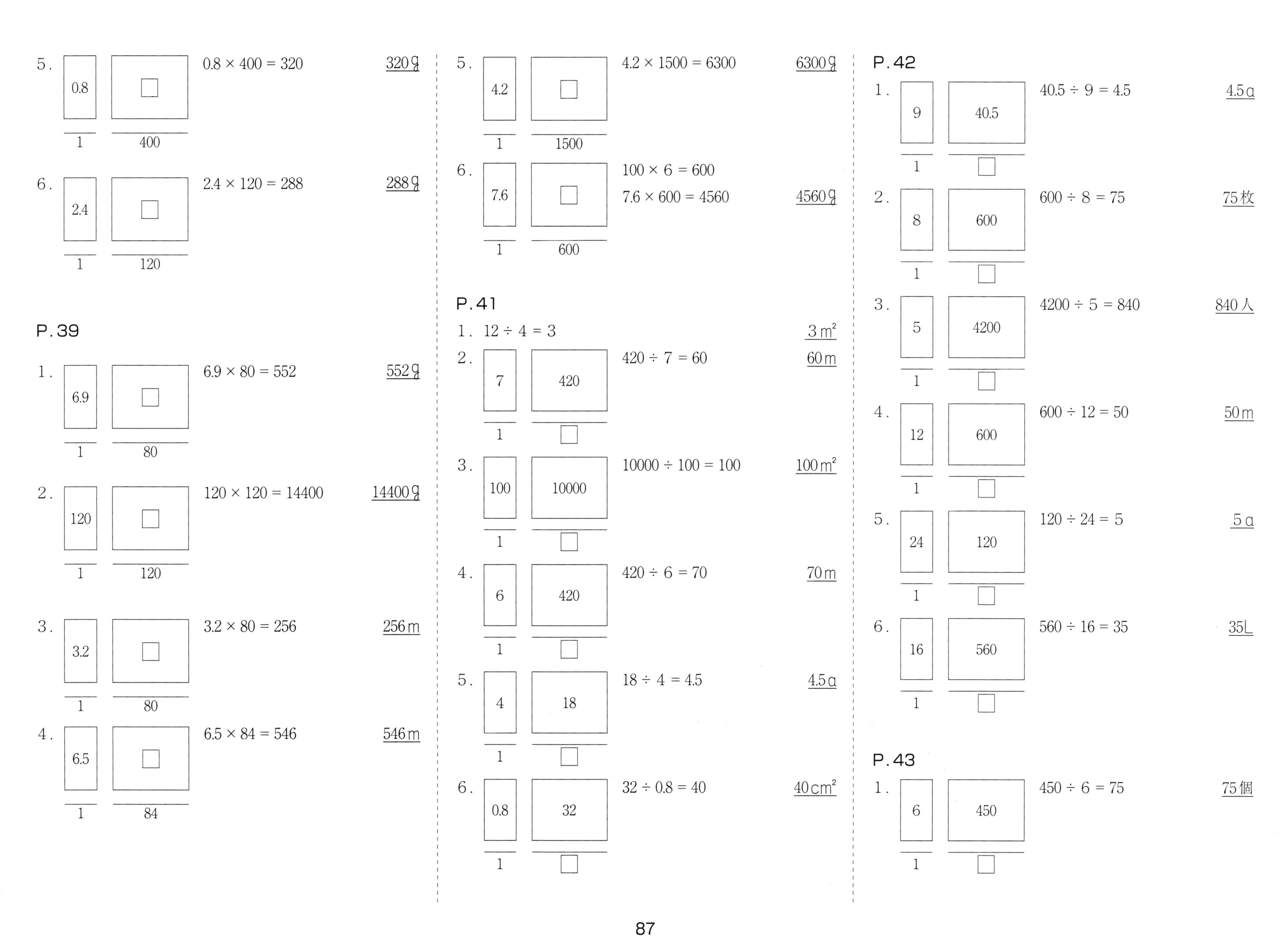

5. $0.8 \times 400 = 320$ 320g

6. $2.4 \times 120 = 288$ 288g

P.39

1. $6.9 \times 80 = 552$ 552g

2. $120 \times 120 = 14400$ 14400g

3. $3.2 \times 80 = 256$ 256m

4. $6.5 \times 84 = 546$ 546m

5. $4.2 \times 1500 = 6300$ 6300g

6. $100 \times 6 = 600$
$7.6 \times 600 = 4560$ 4560g

P.41

1. $12 \div 4 = 3$ 3m²

2. $420 \div 7 = 60$ 60m

3. $10000 \div 100 = 100$ 100m²

4. $420 \div 6 = 70$ 70m

5. $18 \div 4 = 4.5$ 4.5a

6. $32 \div 0.8 = 40$ 40cm²

P.42

1. $40.5 \div 9 = 4.5$ 4.5a

2. $600 \div 8 = 75$ 75枚

3. $4200 \div 5 = 840$ 840人

4. $600 \div 12 = 50$ 50m

5. $120 \div 24 = 5$ 5a

6. $560 \div 16 = 35$ 35L

P.43

1. $450 \div 6 = 75$ 75個

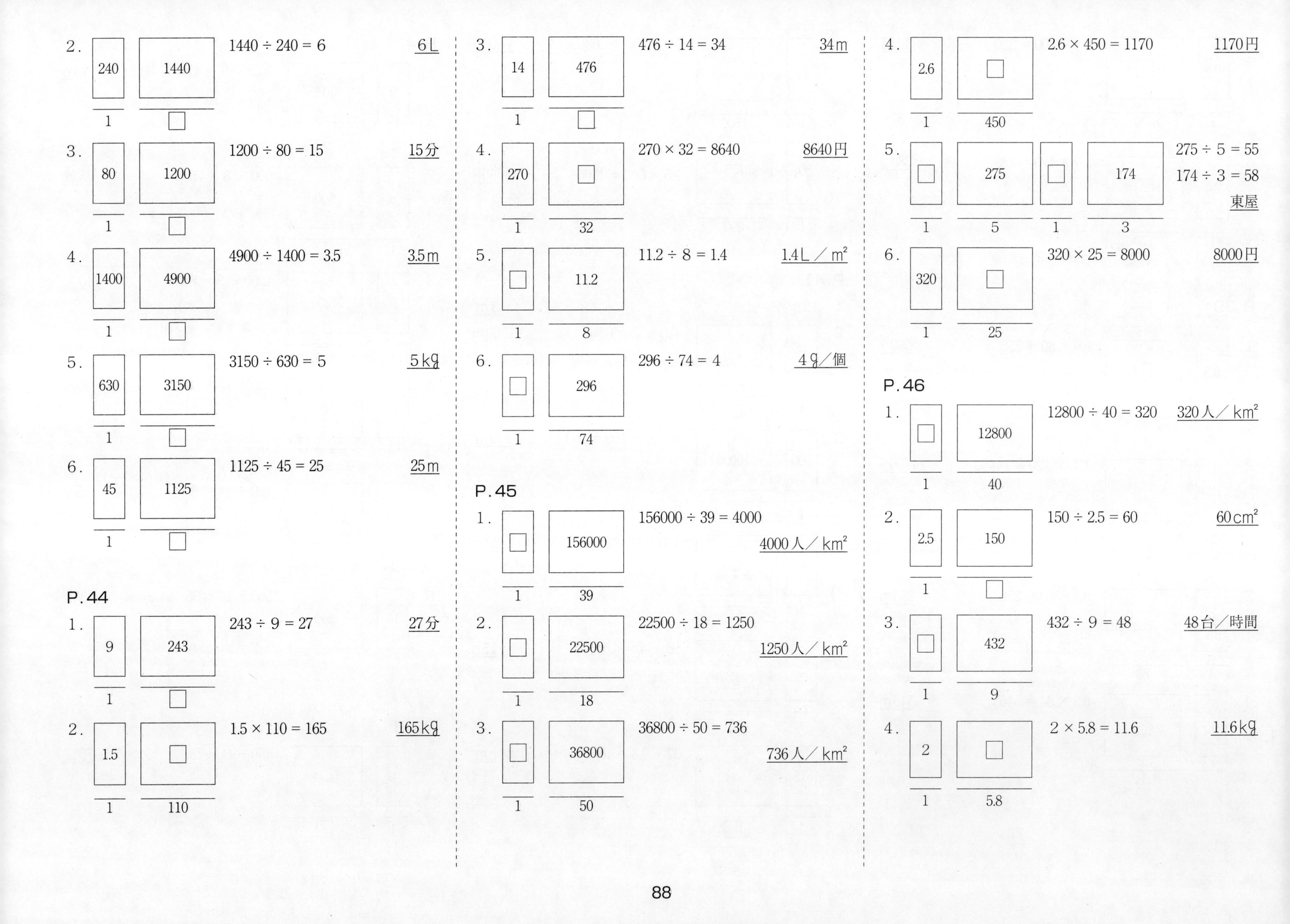

2. 1440 ÷ 240 = 6　6L

3. 1200 ÷ 80 = 15　15分

4. 4900 ÷ 1400 = 3.5　3.5m

5. 3150 ÷ 630 = 5　5kg

6. 1125 ÷ 45 = 25　25m

P.44

1. 243 ÷ 9 = 27　27分

2. 1.5 × 110 = 165　165kg

3. 476 ÷ 14 = 34　34m

4. 270 × 32 = 8640　8640円

5. 11.2 ÷ 8 = 1.4　1.4L／m²

6. 296 ÷ 74 = 4　4g／個

P.45

1. 156000 ÷ 39 = 4000　4000人／km²

2. 22500 ÷ 18 = 1250　1250人／km²

3. 36800 ÷ 50 = 736　736人／km²

4. 2.6 × 450 = 1170　1170円

5. 275 ÷ 5 = 55
174 ÷ 3 = 58　東屋

6. 320 × 25 = 8000　8000円

P.46

1. 12800 ÷ 40 = 320　320人／km²

2. 150 ÷ 2.5 = 60　60cm²

3. 432 ÷ 9 = 48　48台／時間

4. 2 × 5.8 = 11.6　11.6kg

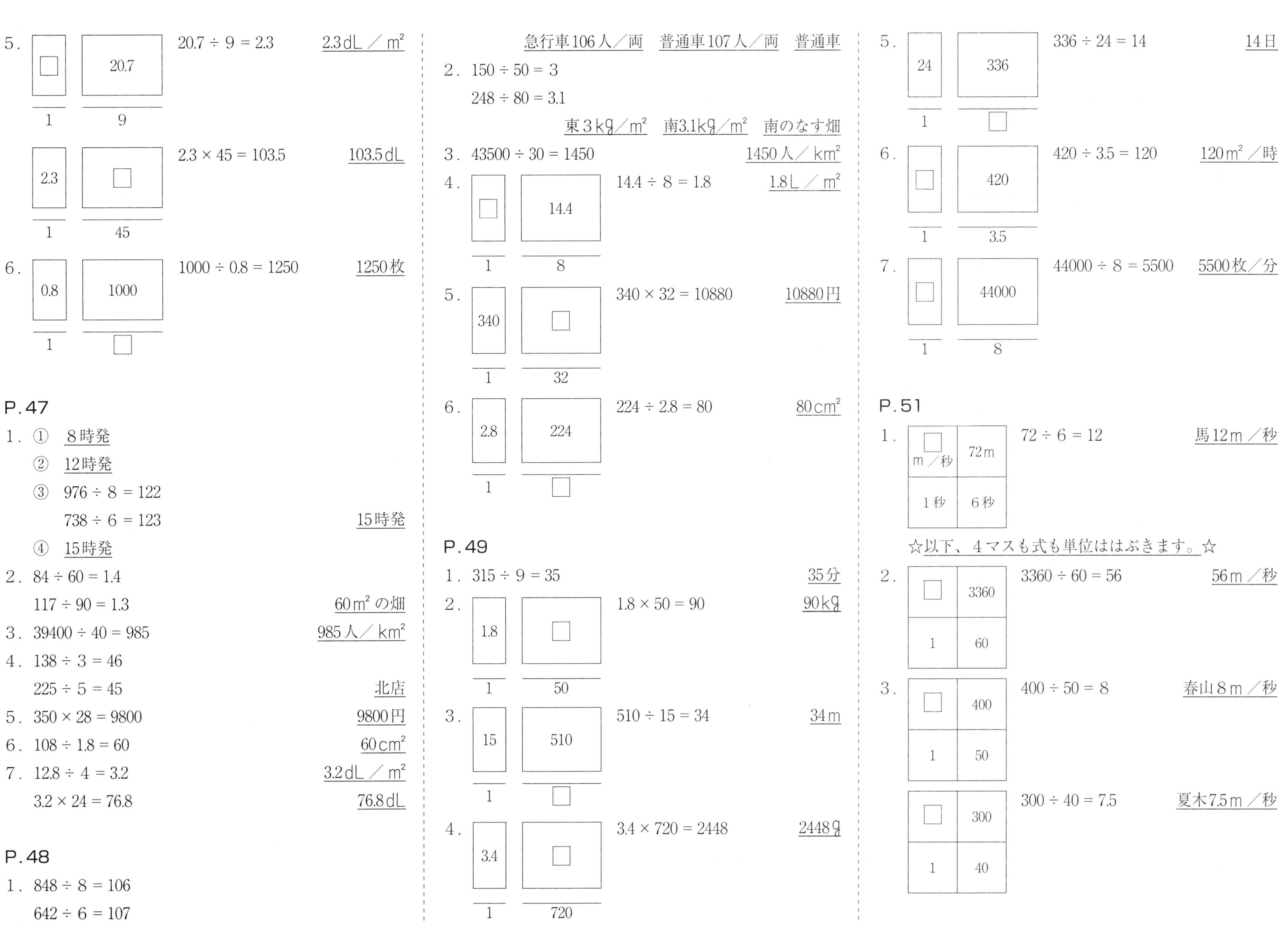

5．$20.7 \div 9 = 2.3$　　2.3dL／m²

$2.3 \times 45 = 103.5$　　103.5dL

6．$1000 \div 0.8 = 1250$　　1250枚

P.47

1．① 8時発

② 12時発

③ $976 \div 8 = 122$

$738 \div 6 = 123$　　15時発

④ 15時発

2．$84 \div 60 = 1.4$

$117 \div 90 = 1.3$　　60m² の畑

3．$39400 \div 40 = 985$　　985人／km²

4．$138 \div 3 = 46$

$225 \div 5 = 45$　　北店

5．$350 \times 28 = 9800$　　9800円

6．$108 \div 1.8 = 60$　　60cm²

7．$12.8 \div 4 = 3.2$　　3.2dL／m²

$3.2 \times 24 = 76.8$　　76.8dL

P.48

1．$848 \div 8 = 106$

$642 \div 6 = 107$

急行車106人／両　普通車107人／両　普通車

2．$150 \div 50 = 3$

$248 \div 80 = 3.1$

東3kg／m²　南3.1kg／m²　南のなす畑

3．$43500 \div 30 = 1450$　　1450人／km²

4．$14.4 \div 8 = 1.8$　　1.8L／m²

5．$340 \times 32 = 10880$　　10880円

6．$224 \div 2.8 = 80$　　80cm²

P.49

1．$315 \div 9 = 35$　　35分

2．$1.8 \times 50 = 90$　　90kg

3．$510 \div 15 = 34$　　34m

4．$3.4 \times 720 = 2448$　　2448g

5．$336 \div 24 = 14$　　14日

6．$420 \div 3.5 = 120$　　120m²／時

7．$44000 \div 8 = 5500$　　5500枚／分

P.51

1．$72 \div 6 = 12$　　馬12m／秒

☆以下、4マスも式も単位ははぶきます。☆

2．$3360 \div 60 = 56$　　56m／秒

3．$400 \div 50 = 8$　　春山8m／秒

$300 \div 40 = 7.5$　　夏木7.5m／秒

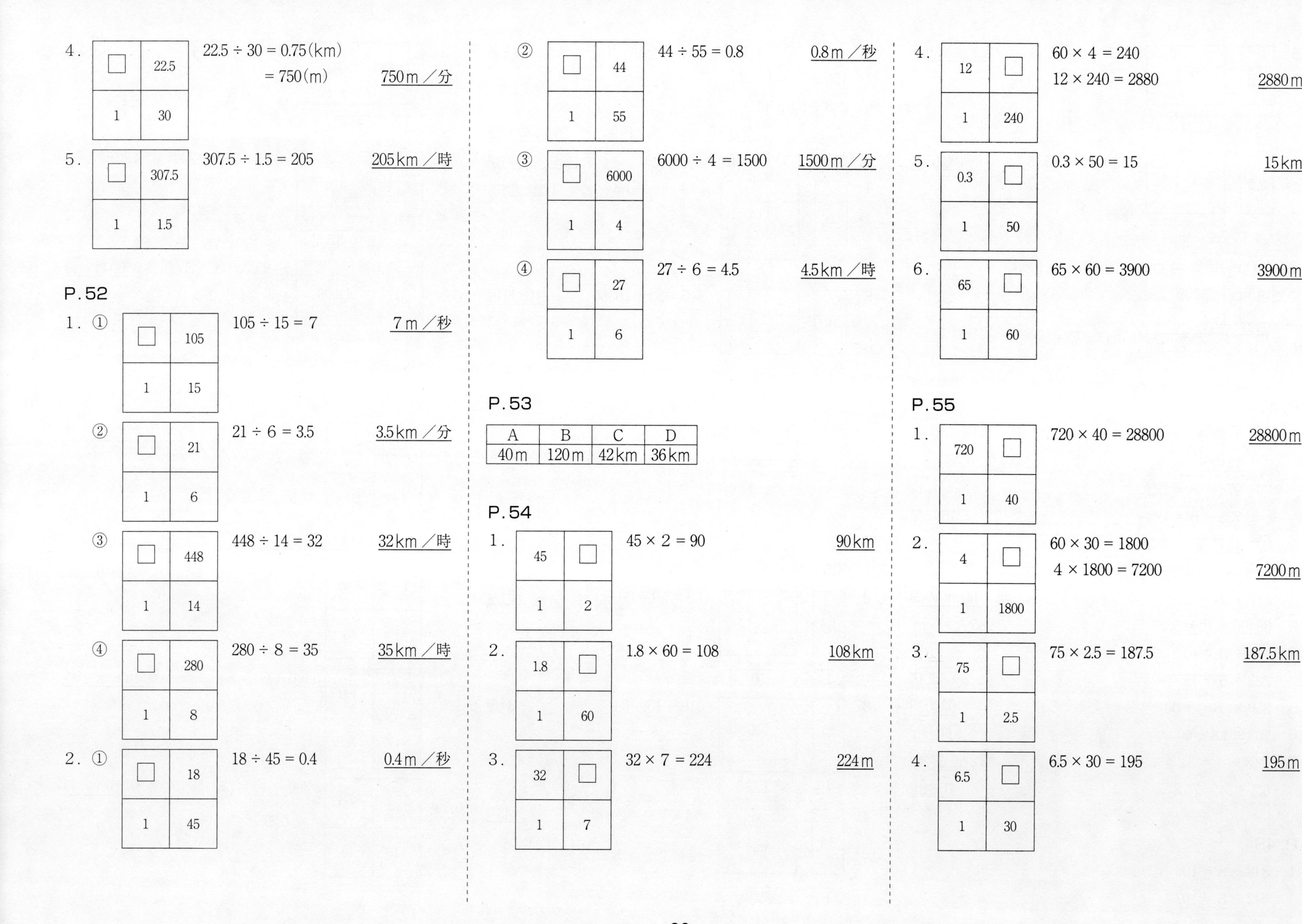

4.

□	22.5
1	30

$22.5 \div 30 = 0.75$(km) $= 750$(m)　　750m／分

5.

□	307.5
1	1.5

$307.5 \div 1.5 = 205$　　205km／時

P.52

1. ①

□	105
1	15

$105 \div 15 = 7$　　7m／秒

②

□	21
1	6

$21 \div 6 = 3.5$　　3.5km／分

③

□	448
1	14

$448 \div 14 = 32$　　32km／時

④

□	280
1	8

$280 \div 8 = 35$　　35km／時

2. ①

□	18
1	45

$18 \div 45 = 0.4$　　0.4m／秒

②

□	44
1	55

$44 \div 55 = 0.8$　　0.8m／秒

③

□	6000
1	4

$6000 \div 4 = 1500$　　1500m／分

④

□	27
1	6

$27 \div 6 = 4.5$　　4.5km／時

P.53

A	B	C	D
40m	120m	42km	36km

P.54

1.

45	□
1	2

$45 \times 2 = 90$　　90km

2.

1.8	□
1	60

$1.8 \times 60 = 108$　　108km

3.

32	□
1	7

$32 \times 7 = 224$　　224m

4.

12	□
1	240

$60 \times 4 = 240$
$12 \times 240 = 2880$　　2880m

5.

0.3	□
1	50

$0.3 \times 50 = 15$　　15km

6.

65	□
1	60

$65 \times 60 = 3900$　　3900m

P.55

1.

720	□
1	40

$720 \times 40 = 28800$　　28800m

2.

4	□
1	1800

$60 \times 30 = 1800$
$4 \times 1800 = 7200$　　7200m

3.

75	□
1	2.5

$75 \times 2.5 = 187.5$　　187.5km

4.

6.5	□
1	30

$6.5 \times 30 = 195$　　195m

5.

340	□
1	60

$340 \times 60 = 20400$ 　20400m

6.

900	□
1	60

$900 \times 60 = 54000$ 　54000m

54000(m) = 54(km) 　54km

P.56

8秒	7.5分	18秒	0.4時間

P.57

1.

80	280
1	□

$280 \div 80 = 3.5$ 　3.5時間

2.

35	21
1	□

$21 \div 35 = 0.6$ 　0.6時間

3.

120	900
1	□

$900 \div 120 = 7.5$ 　7.5分

4.

85	221
1	□

$221 \div 85 = 2.6$ 　2.6時間

5.

0.2	2.5
1	□

$2.5 \div 0.2 = 12.5$ 　12.5分

6.

85	238
1	□

$238 \div 85 = 2.8$ 　2.8時間

P.58

1.

110	506
1	□

$506 \div 110 = 4.6$ 　4.6時間

2.

70	1540
1	□

$1540 \div 70 = 22$ 　22分

3.

7	105
1	□

$105 \div 7 = 15$ 　15秒

4.

32	80
1	□

$80 \div 32 = 2.5$ 　2.5秒

5.

15	42
1	□

$42 \div 15 = 2.8$ 　約2.8時間

6.

1050	10920
1	□

$10920 \div 1050 = 10.4$ 　10.4時間

P.59

1.

	秒速	分速	時速
自転車	5m	300m	18km
自動車	12m	720m	43.2km
電　車	40m	2.4km	144km
飛行機	300m	18km	1080km

2.

	秒速	分速	時速
ア	9m	540m	32.4km
イ	14m	840m	50.4km
ウ	60m	3.6km	216km
エ	0.55km	33km	1980km

P.60

1.

	時速	分速	秒速
ア	18km	300m	5m
イ	68.4km	1140m	19m
ウ	183.6km	3.06km	51m
エ	3240km	54km	0.9km

2.

	時速	分速	秒速
ア	21.6km	360m	6m
イ	133.2km	2220m	37m
ウ	86.4km	1.44km	24m
エ	2160km	36km	0.6km

P.61

1.

	時速	分速	秒速
ア	28.8km	480m	8m
イ	54km	900m	15m
ウ	136.8km	2.28km	38m
エ	2520km	42km	0.7km

2.

	秒速	分速	時速
イルカ	14m	840m	50.4km
犬	18m	1080m	64.8km
ヘリコプター	55m	3300m	198km
音(空気中)	340m	20.4km	1224km

P.62

① $75 \times 30 = 2250$ 　<u>2250m</u>

② 3.6km = 3600m

$3600 \div 18 = 200$ 　<u>200秒</u>

③ $280 \div 4 = 70$ 　<u>70m／秒</u>

④ $8 \times 45 = 360$ 　<u>360m</u>

P.63

1. ① $90 \div 60 = 1.5$ 　<u>1.5時間</u>

<u>☆以下、T図も式も単位はとります。☆</u>

② $5.6 \div 7 = 0.8$ 　<u>0.8km／分</u>

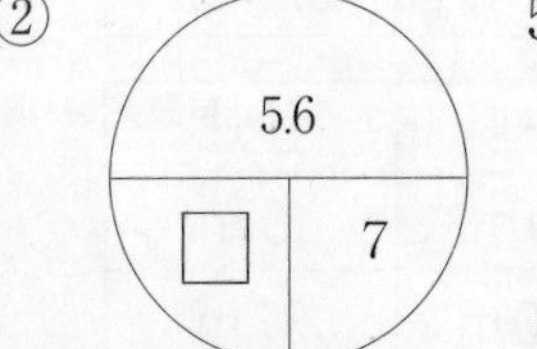

③ $80 \times 3 = 240$ 　<u>240km</u>

④ $65 \times 30 = 1950$ 　<u>1950m</u>

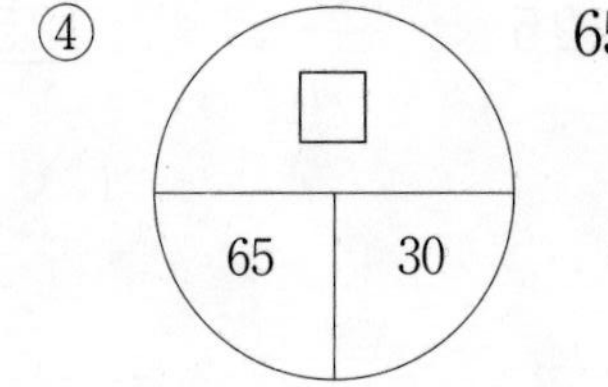

2. ① $30 \div 4 = 7.5$ 　<u>7.5m／秒</u>

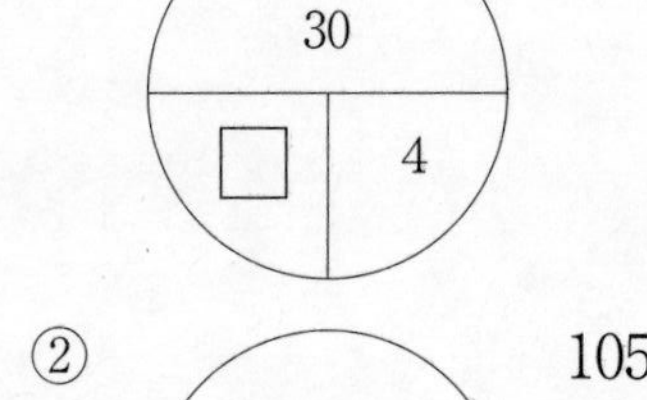

② $105 \div 3 = 35$ 　<u>35km／時</u>

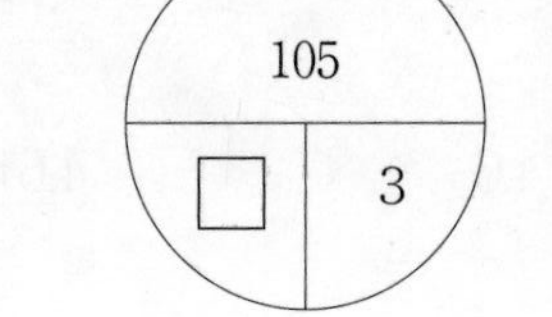

③ $6 \times 45 = 270$ 　<u>270m</u>

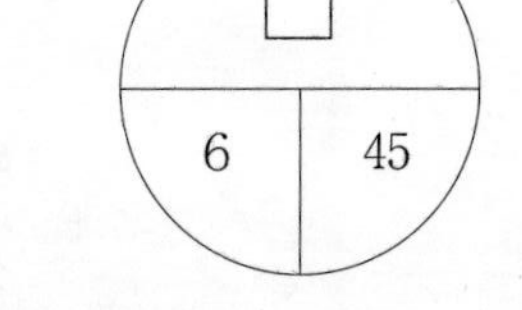

④ 2.4km = 2400m

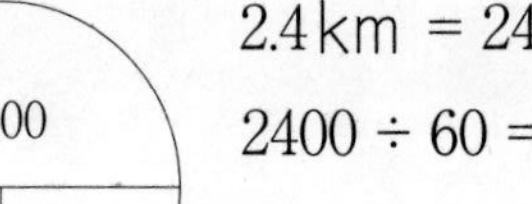

$2400 \div 60 = 40$ 　<u>40秒</u>

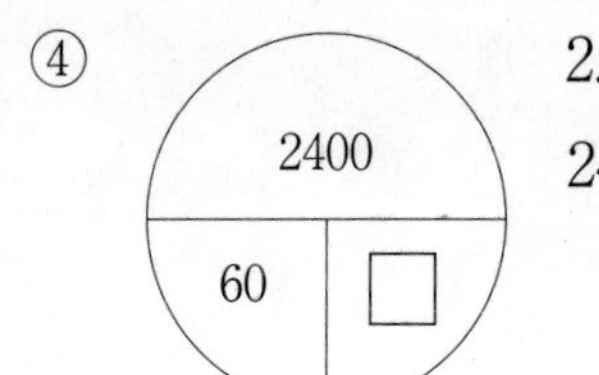

P.64

1. $1190 \div 3.5 = 340$ 　<u>340m／秒</u>

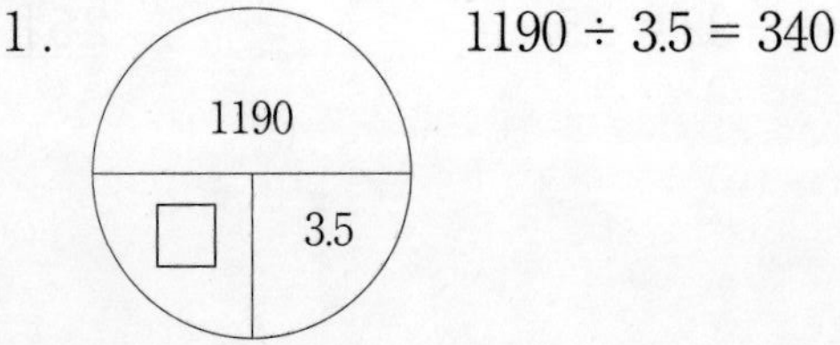

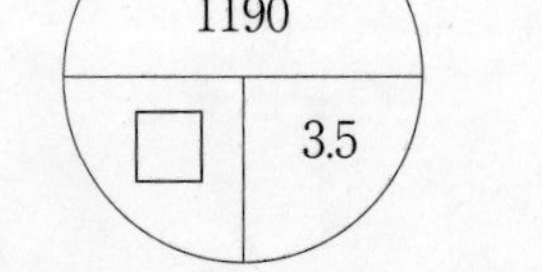

2. $340 \times 2.5 = 850$ 　<u>850m</u>

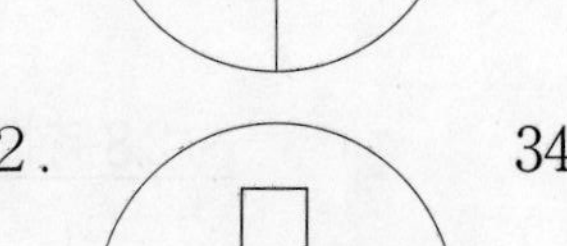

3. $952 \div 340 = 2.8$ 　<u>2.8秒</u>

4. $180 \div 45 = 4$ 　<u>4時間</u>

5. $2.0 \div 2.5 = 0.8$ 　<u>0.8km／分</u>

6. $1.6 \times 43 = 68.8$ 　<u>68.8km</u>

P.65

1. $5.2 \div 0.8 = 6.5$ 　<u>6.5分</u>

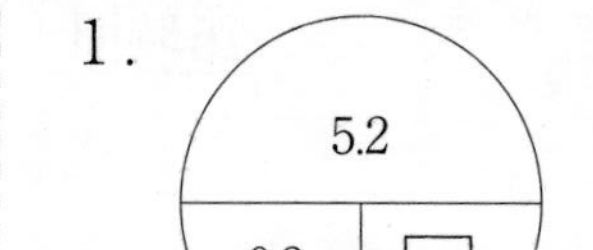

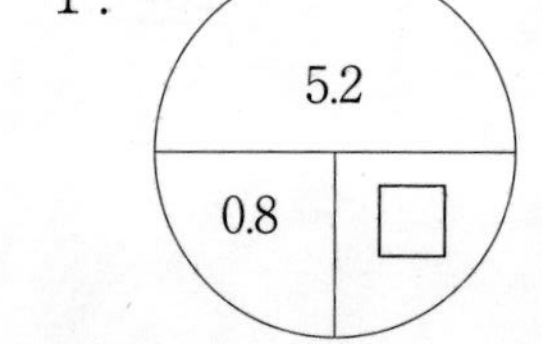

2. $85 \times 2.5 = 212.5$ 　<u>212.5km</u>

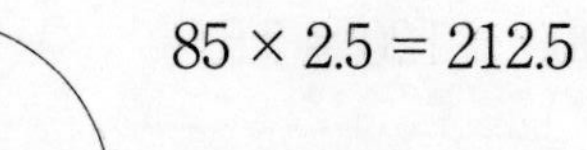

3. $90 \div 2 = 45$ 　<u>45km／時</u>

4. $340 \times 7.5 = 2550$ 2550m

5. $23 \times 8 = 184$ 184m

6. 3時間30分 = 3.5時間
$1600 \times 3.5 = 5600$ 5600km

P.66

1. $72 \times 1.2 = 86.4$ 86.4km

2. $240 \div 80 = 3$ 3時間

3. $10 \div 0.8 = 12.5$ 12.5分

4. $4.5 \times 2 = 9$
$9 \div 5 = 1.8$ 1.8km／分

5. $1440 \div 450 = 3.2$ 3.2時間

6. $324 \div 6 = 54$ 54km／時

P.67

1. $1.5 \times 2 = 3$ (km) = 3000(m)
$3000 \div 240 = 12.5$ 12.5分

2. $12 \div 15 = 0.8$ 0.8m／分

3. $5400 \div 1200 = 4.5$ 4.5時間

4. $340 \times 6 = 2040$ 2040m

5. $3 \div 5 = 0.6$
$0.6 \times 60 = 36$ 36km／時

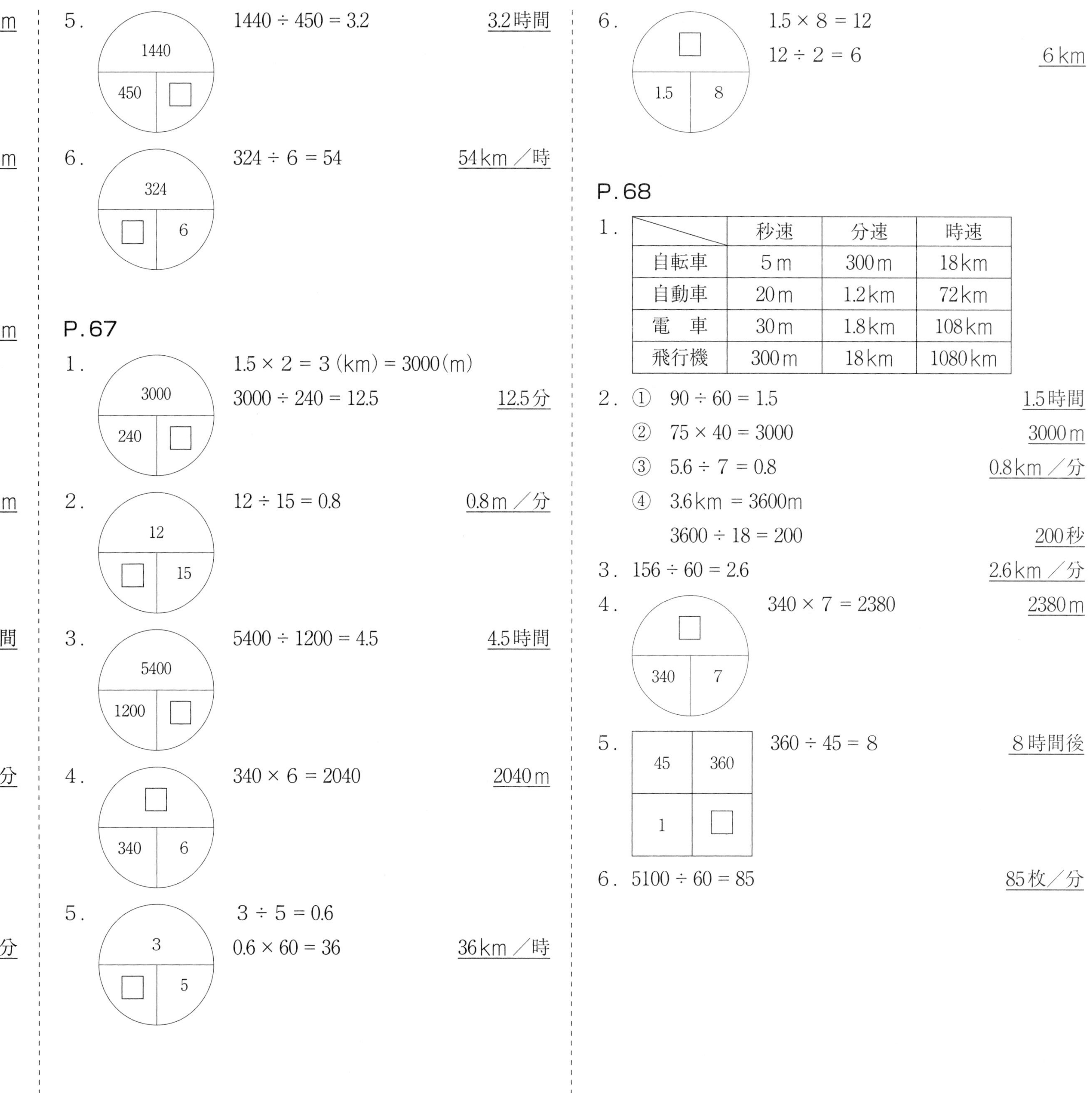

6. $1.5 \times 8 = 12$
$12 \div 2 = 6$ 6km

P.68

1.

	秒速	分速	時速
自転車	5m	300m	18km
自動車	20m	1.2km	72km
電　車	30m	1.8km	108km
飛行機	300m	18km	1080km

2. ① $90 \div 60 = 1.5$ 1.5時間
② $75 \times 40 = 3000$ 3000m
③ $5.6 \div 7 = 0.8$ 0.8km／分
④ 3.6km = 3600m
$3600 \div 18 = 200$ 200秒

3. $156 \div 60 = 2.6$ 2.6km／分

4. $340 \times 7 = 2380$ 2380m

5. $360 \div 45 = 8$ 8時間後

6. $5100 \div 60 = 85$ 85枚／分

P.69

1.

	時速	分速	秒速
ロケット	28800km	480km	8km
ジェット機	936km	15.6km	260m
ハト	108km	1.8km	30m
テニスのサーブ	198km	3.3km	55m

2. ① 280 ÷ 35 = 8　　8m／秒

　② 55 × 40 = 2200　　2200m

　③ 300 ÷ 75 = 4　　4時間

　④ 207 ÷ 4.5 = 46　　46m／分

3. 180 ÷ 15 = 12　　12分

180
15　□

4. 72 × 60 = 4320(m)

　4.2km = 4200m　　梅田さん

5. 240 ÷ 20 = 12　　12分

240
20　□

6. 720 ÷ 60 = 12　　12m／秒

P.70

1.

	時速	分速	秒速
レーシングカー	216km	3600m	60m
マグロ	54km	0.9km	15m
のぞみ号	240km	4km	約67m (小数第1位四捨五入)
旅客機	900km	15km	250m

2. ① 81 ÷ 45 = 1.8　　1.8時間

　② 5 × 60 × 60 = 18000

　18000(m) = 18(km)

　18 × 2 = 36　　36km

　③ 15 ÷ 20 = 0.75　　0.75km／分

　④ 3000 ÷ 24 = 125　　125秒

3. 302 ÷ 20 = 15.1　　15.1L／分

4. 48 ÷ 60 = 0.8

　0.8 × 20 = 16　　16km

5. 380000 ÷ 500 = 760　　760分

6. 1.5 × 12 ÷ 2 = 9　　9km

P.71

1. ① 60 + 70 = 130　　130m

　② 130 × 15 = 1950　　1950m

2. 160 + 60 = 220

　220 × 6 = 1320　　1320m

P.72

1. 70 + 60 = 130

　130 × 20 = 2600　　2600m

2. 80 + 50 = 130

　130 × 40 = 5200　　5200m

3. 900 × 60 = 54000(m) = 54(km)

　54 + 96 = 150

　150 × 2 = 300　　300km

4. 70 + 60 = 130

　910 ÷ 130 = 7　　7分後

5. 4.5km = 4500m

　4500 ÷ (4 + 5) = 500

　500 ÷ 60 = 8(分)20(秒)　　8分20秒

6. 900 × 60 = 54000(m) = 54(km)

　96 + 54 = 150

　450 ÷ 150 = 3　　3時間後

P.73

1. ① 5 + 4 = 9　　9km

　② 27 ÷ 9 = 3　　3時間後

2. 60 + 80 = 140

　4200 ÷ 140 = 30　　30分後

3. 60 + 70 = 130

　2600 ÷ 130 = 20　　20分後

4. 75 + 65 = 140

　7000 ÷ 140 = 50　　50分後

5. 80 + 70 = 150

　3000 ÷ 150 = 20　　20分後

P.74

1. 300 + 240 = 540

　8100 ÷ 540 = 15　　15分後

2. 60 + 70 = 130

　3900 ÷ 130 = 30　　30分後

3. 55 + 65 = 120

　6000 ÷ 120 = 50　　50分後

4. 40 + 60 = 100

　50 ÷ 100 = 0.5(時間) = 30(分)　　30分後

5. 70 + 50 = 120

　3000 ÷ 120 = 25　　25分後

6. 1240 − 60 × 4 = 1000

　1000 ÷ (60 + 40) = 10

　10 + 4 = 14　　14分後

P.75

1. ① 60 − 40 = 20　　20m

　② 20 × 15 = 300　　300m

2. 80 − 65 = 15

　15 × 5 = 75　　75m

3. (70 − 50) × 25 = 500 　500 m

4. (5 − 4) × 2 = 2 　2 km

5. 1200 ÷ 60 = 20

(60 − 50) × 20 = 200 　200 m

P.76

1. (4.5 − 4) × 3 = 1.5 　1.5 km

2. 180 ÷ (65 − 45) = 9 　9 分後

3. 2400 ÷ 200 = 12

12 × (200 − 170) = 360 　360 m

4. 3000 ÷ 300 = 10

10 × (300 − 60) = 2400 　2400 m

5. 70 + 70 × 5 = 420

80 × 5 = 400

420 − 400 = 20 　20 km

6. 150 ÷ (80 − 65) = 10

80 × 10 = 800 　800 m

P.77

1. ① 50 × 5 = 250 　250 m

② 60 − 50 = 10 　10 m

③ 250 ÷ 10 = 25 　25 分

2. 60 × 7 = 420

100 − 60 = 40

420 ÷ 40 = 10.5 　10.5 分後

3. 60 × 5 = 300

160 − 60 = 100

300 ÷ 100 = 3 　3 分後

160 × 3 = 480 　480 m

4. 65 × 8 = 520

105 − 65 = 40

520 ÷ 40 = 13 　13 分後

105 × 13 = 1365 　1365 m

5. 55 × 2 = 110

75 − 55 = 20 　5.5 時間後

110 ÷ 20 = 5.5

75 × 5.5 = 412.5 　412.5 km

P.78

1. 15 × 4 = 60

45 − 15 = 30

60 ÷ 30 = 2 　2 時間後

2. 240 × 7 = 1680

320 − 240 = 80

1680 ÷ 80 = 21 　21 分後

3. 60 × 1.2 = 72

90 − 60 = 30

72 ÷ 30 = 2.4 　2.4 時間後

4. 60 × 2 = 120

65 − 60 = 5

120 ÷ 5 = 24 　24 分後

1600 − (24 × 65) = 40 　40 m

5. 80 − 70 = 10

500 ÷ 10 = 50 　50 分後

6. 100 − 60 = 40

600 ÷ 40 = 15

15 × 2 = 30 　30 分後

P.79

① 8800000 ÷ 1900 = 4631 → 4600 　4600 人

③ 2600000 ÷ 4600 = 565 → 570 　570 人

④ 1400000 ÷ 3700 = 378 → 380 　380 人

⑤ 1100000 ÷ 4700 = 234 → 230 　230 人

⑥ 1400000 ÷ 4000 = 350 → 350 　350 人

⑦ 1900000 ÷ 5800 = 327 → 330 　330 人

P.80

左 ① 岩手県　90 人　② 福島県　150 人

③ 長野県　160 人　④ 新潟県　190 人

⑤ 秋田県　100 人　⑥ 岐阜県　190 人

⑦ 青森県　160 人　⑧ 山形県　130 人

⑨ 鹿児島県　200 人　⑩ 広島県　340 人

右 ① 香川県　530 人　② 大阪府　4600 人

③ 東京都　5500 人　④ 沖縄県　570 人

⑤ 神奈川県　3600 人　⑥ 佐賀県　360 人

⑦ 鳥取県　170 人　⑧ 奈良県　380 人

⑨ 埼玉県　1800 人　⑩ 滋賀県　350 人

学力の基礎をきたえどの子も伸ばす研究会

HPアドレス　http://gakuryoku.info/

常任委員長　岸本ひとみ
事務局　〒675-0032 加古川市加古川町備後 178－1－2－102 岸本ひとみ方 ☎・Fax 0794－26－5133

① めざすもの

私たちは、すべての子どもたちが、日本国憲法と子どもの権利条約の精神に基づき、確かな学力の形成を通して豊かな人格の発達が保障され、民主平和の日本の主権者として成長することを願っています。しかし、発達の基盤ともいうべき学力の基礎を鍛えられないまま落ちこぼれている子どもたちが普遍化し、「荒れ」の情況があちこちで出てきています。

私たちは、「見える学力、見えない学力」を共に養うこと、すなわち、基礎の学習をやり遂げさせることと、読書やいろいろな体験を積むことを通して、子どもたちが「自信と誇りとやる気」を持てるようになると考えています。

私たちは、人格の発達が歪められている情況の中で、それを克服し、子どもたちが豊かに成長するような実践に挑戦します。

そのために、つぎのような研究と活動を進めていきます。

① 「読み・書き・計算」を基軸とした学力の基礎をきたえる実践の創造と普及。
② 豊かで確かな学力づくりと子どもを励ます指導と評価の探究。
③ 特別な力量や経験がなくても、その気になれば「いつでも・どこでも・だれでも」ができる実践の普及。
④ 子どもの発達を軸とした父母・国民・他の民間教育団体との協力、共同。

私たちの実践が、大多数の教職員や父母・国民の方々に支持され、大きな教育運動になるよう地道な努力を継続していきます。

② 会　　員

- 本会の「めざすもの」を認め、会費を納入する人は、会員になることができる。
- 会費は、年4000円とし、7月末までに納入すること。①または②

①郵便振替　口座番号　00920－9－319769
名　　称　学力の基礎をきたえどの子も伸ばす研究会

②ゆうちょ銀行
店番099　店名〇九九店（ゼロキュウキュウ）　当座0319769

- 特典　研究会をする場合、講師派遣の補助を受けることができる。
  大会参加費の割引を受けることができる。
  学力研ニュース、研究会などの案内を無料で送付してもらうことができる。
  自分の実践を学力研ニュースなどに発表することができる。
  研究の部会を作り、会場費などの補助を受けることができる。
  地域サークルを作り、会場費の補助を受けることができる。

③ 活　　動

全国家庭塾連絡会と協力して以下の活動を行う。

- 全 国 大 会　全国の研究、実践の交流、深化をはかる場とし、年１回開催する。通常、夏に行う。
- 地域別集会　地域の研究、実践の交流、深化をはかる場とし、年１回開催する。
- 合宿研究会　研究、実践をさらに深化するために行う。
- 地域サークル　日常の研究、実践の交流、深化の場であり、本会の基本活動である。可能な限り月１回の月例会を行う。
- 全国キャラバン　地域の要請に基づいて講師派遣をする。

全国家庭塾連絡会

① めざすもの

私たちは、日本国憲法と子どもの権利条約の精神に基づき、すべての子どもたちが確かな学力と豊かな人格を身につけて、わが国の主権者として成長することを願っています。しかし、わが子も含めて、能力があるにもかかわらず、必要な学力が身につかないままになっている子どもたちがたくさんいることに心を痛めています。

私たちは学力研が追究している教育活動に学びながら、「全国家庭塾連絡会」を結成しました。

この会は、わが子に家庭学習の習慣化を促すことを主な活動内容とする家庭塾運動の交流と普及を目的としています。

私たちの試みが、多くの父母や教職員、市民の方々に支持され、地域に根ざした大きな運動になるよう学力研と連携しながら努力を継続していきます。

② 会　　員

本会の「めざすもの」を認め、会費を納入する人は会員になれる。
会費は年額1500円とし（団体加入は年額3000円）、7月末までに納入する。
会員は会報や連絡交流会の案内、学力研集会の情報などをもらえる。

事務局　〒564-0041　大阪府吹田市泉町 4－29－13　影浦邦子方　☎・Fax 06－6380－0420
郵便振替　口座番号　00900－1－109969　名称　全国家庭塾連絡会

単元別 まるわかり！シリーズ9
平均・単位量あたり習熟プリント

2021年4月10日　発行

著　者　三木俊一
　　　　馬場田裕康
発行者　面屋尚志
企　画　フォーラム・A
発行所　清風堂書店
〒530-0057　大阪市北区曽根崎2－11－16
電 話（06）6316-1460
FAX（06）6365-5607
振 替　00920-6-119910

制作担当　蒔田司郎・樫内真名生

表紙デザイン・ウエナカデザイン事務所 ○
印刷・㈱関西共同印刷所 5022
製本・㈱高廣製本